The Future of Food

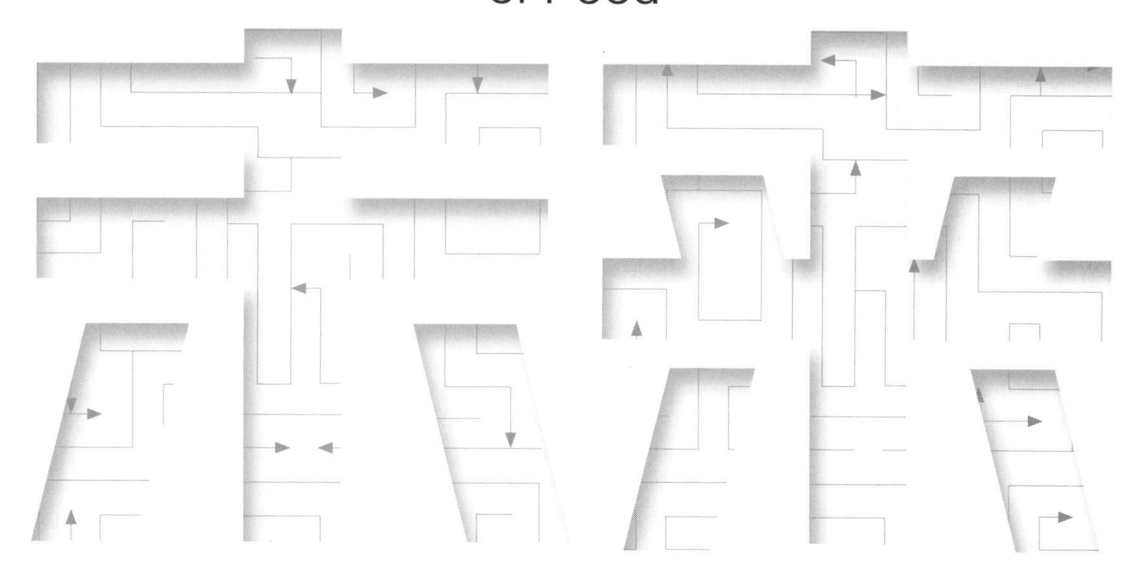

未来食品前瞻

[土] 穆斯塔法·巴伊拉姆
[土] 卡格拉·戈基尔马克利 著
江　凌　杨新泉　译

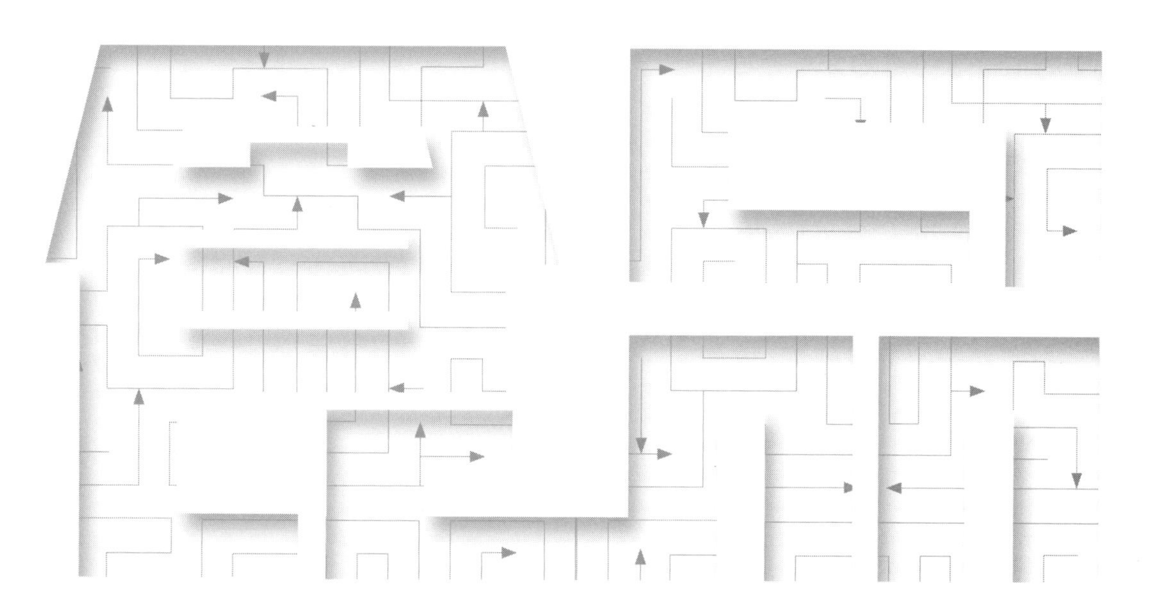

中国轻工业出版社

图书在版编目（CIP）数据

未来食品前瞻 / (土) 穆斯塔法・巴伊拉姆, (土) 卡格拉・戈基尔马克利著 ; 江凌, 杨新泉译. — 北京 : 中国轻工业出版社, 2023.6

ISBN 978-7-5184-4400-7

Ⅰ.①未… Ⅱ.①穆… ②卡… ③江… ④杨… Ⅲ. ①食品工程学 Ⅳ.①TS201.1

中国国家版本馆CIP数据核字（2023）第054132号

责任编辑：江　娟　李　蕊
策划编辑：江　娟　　责任终审：白　洁　　封面设计：锋尚设计
版式设计：砚祥志远　　责任校对：吴大朋　　责任监印：张　可

出版发行：中国轻工业出版社（北京东长安街6号，邮编：100740）
印　　刷：三河市万龙印装有限公司
经　　销：各地新华书店
版　　次：2023年6月第1版第1次印刷
开　　本：787×1092　1/16　印张：12.25
字　　数：276千字
书　　号：ISBN 978-7-5184-4400-7　　定价：88.00元
邮购电话：010-65241695
发行电话：010-85119835　传真：85113293
网　　址：http://www.chlip.com.cn
Email：club@chlip.com.cn
如发现图书残缺请与我社邮购联系调换
211042K1X101ZYW

本书翻译人员

Book translator

主　　译 | 江　凌、杨新泉

译　　者 | 江　凌　（南京工业大学）
高　振　（南京工业大学）
杨新泉　（海南省崖州湾种子实验室）
朱政明　（南京工业大学）
张志东　（新疆农业科学院微生物应用研究所）
朱本伟　（南京工业大学）
朱丽英　（南京工业大学）

审校人员 | 江　凌　杨新泉　朱政明

序

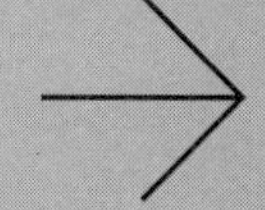

preface

人口增长、气候变化、资源耗竭、战争冲突以及人们对美好生活的向往对未来食品提出了严峻的挑战，同时也驱动了食品科技的加速创新。当前，未来食品与农业领域的基础前沿研究持续活跃，从人造肉到垂直农业，从3D打印食品到基因编辑作物，这些创新技术的浪潮席卷全球并加速融入经济社会发展，为满足人类对食品营养、安全、美味、方便、个性化等各方面需求提供了崭新的解决方案。作为食品科技工作者，要解决我们国家未来食品领域所面临的新挑战与新任务，必须要努力践行“大食物观”，以“但愿苍生俱饱暖”的初心，扛起责任、攻坚克难，把中国人的饭碗牢牢端在自己手中，让“中国饭碗”更营养、更健康。

穆斯塔法·巴伊拉姆和卡格拉·戈基尔马克利于2020年出版的著作*The Future of Food*以独特的视角讨论了未来食品的发展，包括人造肉、纳米工程食品、垂直农业、食品组学和火星食品等。此外，这本书还阐释了新技术在未来食品中的应用，包括纳米技术、人工智能与食品组学技术等。本书涉及范围广，内容深入浅出，非常适合食品相关专业的研究生和科研人员阅读，同时本书采用通俗易懂的语言为读者呈现了未来厨房、未来生活方式、火星食品等相关知识，亦可作为一本科普书籍让公众更科学地了解和认识未来食品的发展愿景。

正值全国上下践行“大食物观”之际，面对未来食品科技创新发展的新挑战，如何以科技为内核，驱动食品产业在传承与创新中发展，提升国内食品行业竞争力，是我国食品科技界和产业界需要共同关注的重大问题。鉴于此，主译人全面准确把握“大食物观”科学内涵，积极跟踪未来食品行业新技术的发展，迅速组织一线科研工作者翻译了此书，并经由资深教授校阅、审定，保证了译著的质量。此译著的出版发行将有助于我国抢占食品前沿科技制高点，推动我国建设成全球食品科技创新中心。

南京师范大学　黄和

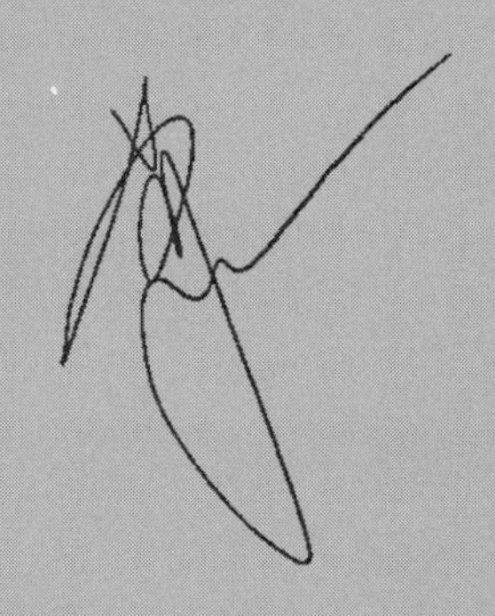

译者序

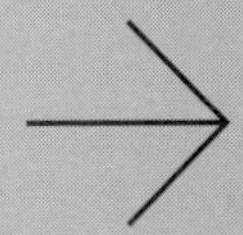

translator's preface

食物作为人类最基本的生活需求之一，与人类生存发展息息相关。从最早的狩猎、采集、农耕到今天的现代工业化生产，食品产业经历了漫长的发展历程。随着全球人口的增长和生活水平的提高，传统的食品生产和消费模式面临着诸多挑战。在“大食物观”指引下，要让人民吃得好、吃得放心、吃得健康、吃得享受，食品行业需要通过不断的创新和技术进步来创造更加可持续、安全和健康的未来食品。在此背景下，科研工作者要以“未来食品”为契机抢占食品科技制高点，通过跨学科合作和共同努力，以合成生物学、人工智能、纳米技术、物联网等为技术基础，推动我国食品科技高质量发展，助推我国建立更加可持续、安全和健康的食品体系。

为了使广大读者更系统全面地了解未来食品行业新技术的发展，译者迅速组织了一线科研工作者翻译了此书，并经由资深教授校阅、审定，旨在通过探讨未来食品的趋势和技术，为读者提供新思路和解决方案，以帮助我们更好地理解未来食品的市场前景和趋势。《未来食品前瞻》全书共分为八章。第一章由江凌翻译，第二章由高振翻译，第三章由杨新泉翻译，第四章由朱政明翻译，第五章由朱政明翻译，第六章由张志东翻译，第七章由朱本伟翻译，第八章由朱丽英翻译。为尊重原作，书中出现的卡（cal）、千卡（kcal）等单位不进行换算，特此说明。

由于未来食品科学与技术发展迅速，译者水平有限，书中难免存在疏漏之处，敬请广大读者批评指正。

译者

2023 年 4 月

前　言

foreword

自人类诞生以来，我们几乎每天在努力寻找、收集、生产和摄入食物。人类的命运与食物息息相关。人类的生存离不开食物，也创造出了各种美味又健康的食物。随着人口的增长和科学技术的进步，食品的未来发生了质的改变，而消费者的需求、健康问题、新技术、社会和文化的发展、新的食品来源、生活方式的变化、女性地位的变化和全球变暖等因素也在影响着未来食品的发展。

本书包含了关于未来食品的关键信息，这些信息来自一项整合大量数据的重大科学研究活动。本书可供学生、政界人士、产业人士、科学家以及食品行业以外的人士阅读。

本书分为八章。第一章：食品和农业产业的前瞻性导论，该章提供了一些关于未来食品的信息和想法；第二章：食品和纳米技术的未来，该章从一个独特的视角介绍了哪些基于纳米技术的应用将影响食品工业的未来；第三章：食品熵：由能量需求引起的食品熵，该章是关于食品与生物能源关系的前景展望；第四章：食品在全球变暖影响下的未来，该章尝试回答全球变暖是如何影响现今及未来人们的食品安全；第五章：肉制品与乳制品行业的未来，该章对肉制品和乳制品行业的未来进行了展望；第六章：未来食品与农业技术，该章是关于新兴技术在食品行业的具有未来预期的创新应用；第七章：特别章节：火星移民，太空食品，火星食品，火星经济体和工业M.0，该章描述了火星上的未来生活和食品工业；第八章：2050年能量与食物需求量的推算，该章包括对2050年所需食物量的数学推算。

在本书中，你将了解这些名词的内涵：

食品和人口的未来预测

人工智能（AI）与食品

创新技术

未来的生活和食品

未来的厨房

未来的厨师和厨师长

未来的能源和食品关系

食品组学及其未来

食品、农业、能源和工业

未来的生活方式

未来的水资源态势

作为食物来源的昆虫

特制食品

转基因生物、遗传学和安全

作为燃料的油

人工食品调味剂

火星食品工厂任务（火星粮食种植计划）

大数据和食品工业

智能农业

无人驾驶飞行器

火星组学和太空组学

工业 M.0

食品熵

目 录

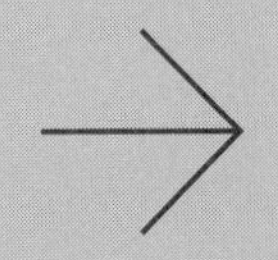

contents

第一章 食品和农业产业的前瞻性导论

An Introduction to Foresight on the Food and Agriculture Industries

第二章 食品和纳米技术的未来

The Future of Food and Nanotechnology

第三章 食品熵：由能量需求引起的食品熵

Food entropy: Entropy of Food Due to Energy Demand

第四章 食品在全球变暖影响下的未来

The Future of Food under Global Warming

第五章 肉制品与乳制品行业的未来

The Future of Meat and Dairy Industries

第六章 未来食品与农业技术

Food and Agriculture Technologies in the Future

第七章 特别章节：火星移民，太空食品，火星食品，火星组学和工业 M.0

Special Chapter: The Next Big Migration to Mars, Space foods, Mars foods, Mars-omics and Industry M.0

第八章 2050 年能量与食物需求量的计算

Determination of Calorie and Food Quantity Requirement for the Year 2050

第一章 食品和农业产业的前瞻性导论

→

An Introduction to Foresight on the Food and Agriculture Industries

1.1 什么是食品?

直到20世纪，人们依然只是简单地将食品进行播种、栽培、消费，尚未对其进行技术改造。而现在，人工生产、纳米封装、基因编辑、3D打印的食品已经成为现实。食品甚至可以种植在海面上或另一个星球上，如火星。基于此，我们需要重新定义食品。按照最新的进展，食品被定义为一种可通过适当的技术或操作而获得的消费品，技术或操作包括实验室种植、3D打印、基因改造或纳米技术等；且无论是否利用土壤，均可在任何合适的地方生长。

1.2 食品的历史

无论过去还是将来，食品的命运和人类的命运都有着千丝万缕的联系。人类学表明，食品曾在远古时代改变了人类生物学。在第一个时代，即狩猎采集时代，人们吃野果、禾草等植物，学会狩猎之后，体内的新陈代谢开始改变，肉制品中含有的蛋白质改变了大脑和肠道活动；在第二个时代，即农业时代，人们不再四处活动，大部分食物由自己种植，人们获得了一些新的食物，同时也失去了一些可能在狩猎和采集的过程中获得的食物。此外，女性的角色和地位也发生了变化；在第三个时代，即工业时代，生活方式和营养方式都发生了改变。新的生活方式使得人们开始吃快餐和即食食品。同时，女性的角色和地位再次发生变化（Bayram，2018a）。

在古代，存在四大区域：非洲、中东（美索不达米亚）、亚洲和美洲。当人们发现并迁徙到这四个地区，他们找到了新的食物：高粱（非洲）、小麦（中东 / 美索不达米亚）、大米（亚洲）和玉米（美洲），这些食物被称为“末日四骑士”，它们分别决定了非洲、中东、亚洲和美洲人民的命运。高粱，是在人类起源地所发现的第一种产品；随后一些人迁徙到中东地区，形成了第二个聚居地，他们发现并学会了种植小麦；当人们到美洲时，学会了种植玉米；当人们到东亚时，他们发现了大米（注：本段中特意使用“区域”一词，这不是一个错误。作者希望说明的是一个区域，而不是一个大陆）。

当人们开始将文化沿着丝绸之路和香料之路传播时，他们携带的食品也随之传播。因此，人们有机会了解来自其他地区的食物，如香料、葡萄酒、水果、坚果、蔬菜、意大利面、干肉、玉米、大米、咖啡、茶和面包。在人们发现美洲新大陆之后，新的食物被转移到世界的其他地方。

在未来，部分远古之路将会被重新发现，它们曾在健康和食物层面影响人类的命运（Kickbusch 等，2018）。

人们从游牧民族和定居社会中也学到了很多。例如，风干肉可能是第一个被发明的快餐，成吉思汗在军事远征中用它来给士兵做补给。他的士兵们在远征期间骑马时，采用“石烹法”，将水和风干肉混合并加入烧红的鹅卵石制成汤，作为一种典型的快餐。

此外，作为一种风俗文化，游牧民族和商队在就餐时不交流。源于此，“食不言”已成为现代社会的一种传统行为准则。在古代，由于旅途的时间限制，游牧民族和商队需要在较短的时间内完成就餐。而在定居社会中，人们在午餐和晚餐时会进行长时间的交谈（慢食），因此这又是由于时间的可利用性而产生的历史行为（Bayram，2018a）。

战争，也推动了新型食品加工技术的发展。罐装、腌制、真空包装等改良的食品包装有助于保持军队的机动性。尤其是罐头，是在欧洲发明的一种“战争策略”。

另一个问题是现代人的生活方式的改变。当今社会，准备食物的时间有限，所以微波食品、冷藏食品、冷冻食品、即食食品以及食品制造机器人，都是这种新生活方式下的产物。

下一步将是太空食品。在未来，人们可能需要新的食品以及食品生产和保存技术，来进行太空旅行和在其他星球上生活。因此，人类的命运将与食品的命运紧密联系在一起。

1.3 什么是未来?

“未来”“估计”“预期”“预测”和“预见”，这些词含义相近。本书用这些词来表达未来。未来，可能是意料之中和意料之外的事情的组合。它可以被预估，但很难被精准确定。在现实生活中未曾经历过的每一秒都可以被称为未来。所以，即使一秒钟之后也是未来——但这是不久的将来。本书旨在探讨下一个时代的食品。

1.4 过去关于未来食品的观点

1893 年，女权主义者和活动家 Mary E. Lease 认为，未来的食品可能需要通过人工制备和烹饪来实现更便捷的效果。1896 年，法国化学家 Marcellin Berthelot 认为未来的食品将是“餐丸”。1900 年,《波士顿环球报》预测，到 2000 年，食物将通过气动管道方便地运输。在一个更为雄心勃勃的试验中，Noel Hodson 的食品管道项目建议通过地下胶囊管道系统将食物运送到零售商手中，从而节省能源消耗并减少污染。此外，Clifford Simak 写于 1961 年的小说中描述了一种所谓的“植物肉”，它可以提供类似肉类的蛋白质。他的小说还描述了 30 年前的第一种转基因食品——“风味番茄”（Hillary，2016）。2000 年，以下主题被认为对农业产业的未来很重要：精准农业、低淋失农作系统、土壤生态管理和最大限度的再循环（Kirchmann 和 Thorvaldsson，2000）。

食品的未来对人类的重要性与日俱增，这可能是因为世界人口的迅速增长所导致的自然资源的日益减少。诸多的研究聚焦于食品和农业的未来（Mermelstein，2002；Laio，Ridolfi 和 D’Odorico，2016；Hilary，2016；Gökırmaklı 和 Bayram，2017a；Eckardt 等，2009；Bourgeois，2016；Beddington，2011；Bayram 和 Gökırmaklı，2018）、全球变暖（Gökırmaklı 和 Bayram，2016）、乳制品行业（Kay，1942；Gökırmaklı 和 Bayram，2017）、肉制品行业（Gökırmaklı 和 Bayram，2017b）、食品组学技术（Bayram 和 Gökırmaklı，2018）、面食行业（Gökırmaklı 和 Bayram，2018）和谷物行业（Bayram，2017）。此外，联合国粮食及农业组织（粮农组织 FAO）等一些非政府组织编写了关于食品和农业未来的报告（FAO，2017）。

未来主义者预测，食品将具有以下属性：简便、个性化、基于数字覆盖的技术，将具有多种口味，且是可持续的、天然的、功能性的和健康的。

1.5 食品行业和农业之间的关系

在19世纪，农业的主要问题是农产品的产量有限，如食品（Beal，1883）。今天的农业系统通过绿色工业革命克服了这个问题，然而，饥饿在世界一些地区仍然是一个严重的问题。随着全球人口的增长，预计食品安全在不久的将来会成为最重要的问题之一（Tübitak，2003）。联合国报告称，预计到2050年，全球人口将达到97亿，2100年将达到112亿（UN，2015）。随着人口的增加，人均农业面积减少了。此外，土壤还存在一些化学和物理问题，如盐碱化、酸化、矿物质养分缺乏、污染、侵蚀和有机质流失。据统计，在全世界14.7亿 hm^2 的耕地中，有38%处于退化状态（Tübitak，2003）。

从土壤到工业，食品行业与整个食品生产过程有关，更重要的是，它是最容易受天气条件影响的行业之一（Tübitak，2003）。气候变化和全球变暖是影响当今食品安全的两个重要问题，预计将对未来的粮食安全产生影响。气温升高可能会对生活在寒冷地区的人们产生积极影响。然而，生活在炎热地区的人们可能会受到气候变化的不利影响。因此，可以预计，气候变化对全球粮食安全的负面影响大于正面影响（IPCC，2014）。

另一个威胁粮食安全的是生物多样性的减少。在绿色革命之初，效率更高的作物更受到青睐。因此，世界上大多数国家的植物基食品种类减少了（Çetiner，2011）。在不久的将来，人们期望农作物和畜牧业的产量都能增加。例如，Tübitak曾于2003年预计玉米将成为需求量最高的作物（Tübitak，2003）。英国科学家John Beddington表示，到2030年，人类可能需要比现在多50%的能源、50%的食物和30%的水。然而，由于气候变化，满足这些需求将变得更加困难（Yıldız，2014）。同样地，对小麦、大米、水果、蔬菜等食物的需求也会随着时间的推移而增加。

当今的消费者对自身的健康以及所用的技术对环境可能造成的影响更加谨慎，他们希望在使用一项新技术之前能先对它有一个全面的了解。出于这个原因，大多数可以彻底改变人们从种植到消费的饮食习惯的技术（如纳米技术和转基因技术），虽然可能使得越来越多的消费者获益，但尚未完全直接用于食品和农业行业。虽然这些技术的前景是光明的，但也存在不可预测的风险。

除了纳米技术和转基因技术外，还出现了更加可持续和即用型的技术，如3D打印（3DP）、垂直农业系统和工业4.0，这些技术也适用于食品生产。除此之外，在未来，无人机也可能以更加可持续的手段改变食品和农业行业的物流方式。

本书详细介绍了上述所有主题对食品和农业的影响，以期对未来食品有一个普遍的认识。

1.6 世界人口

远古时期的世界人口是1500万。1600年，世界人口约为5亿；1750年增至7.5亿，1950年增至25亿（Foster，2008）。到了2015年，这一数字超过了70亿（UN，2015）。通过采用"中等水平变量(medium-variant)"预测方法,世界人口预计将达到100亿左右(UN，2015)。目前，世界上仍有10亿人营养不良。据粮农组织报道，要想养活全世界所有人，粮食产量需要增加70%(Odesard和van der Voet,2014)。根据联合国(2015)和De Long(1998)的统计数据，世界人口增长情况如图1-1所示。

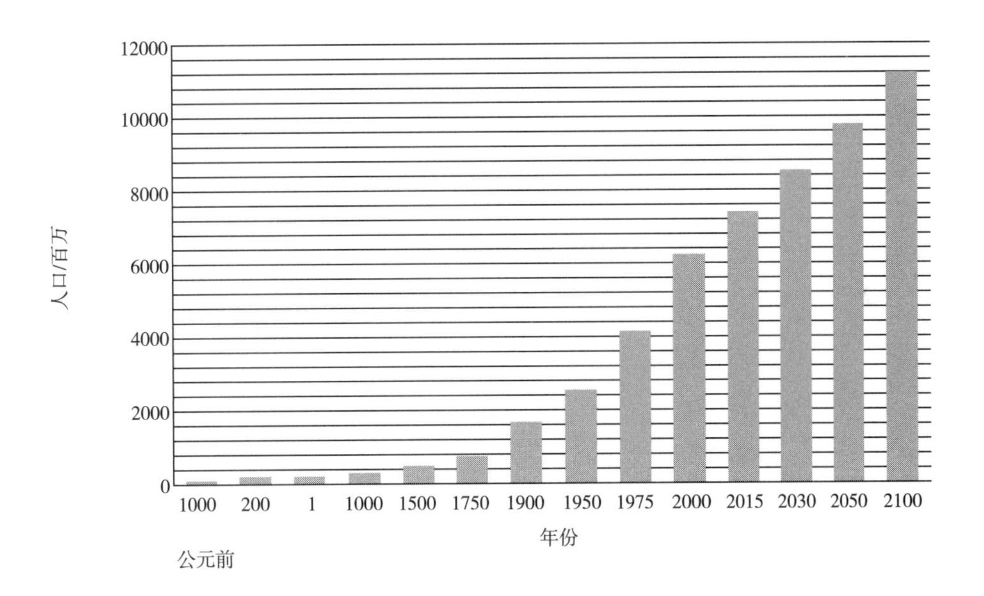

图1-1
历史上的世界人口数量和未来的预期 [De Long（1998），联合国（2015）]

第二次世界大战后，由于医学、科学和经济的进步，人口增长发生了变化，出现了"婴儿潮"时期（Yasa和Mucan，2010），并造成了世界上成年人口数量的增加（Yasa和Mucan，2010）。根据金字塔式的年龄分布规律，预计未来成年人口的数量将进一步增加；Wiener和Tilly（2002）预测，2000年至2050年，成年人口数量将增加135%。相应地，面向成年人的食品在未来可能会变得比今天更重要，并将在世界各地被普遍地消耗。

1.7 全球变暖、气候变化和环境问题

当今的地球环境存在着人口快速增长、臭氧层破坏、全球变暖、物种灭绝、遗传多样性丧失、酸雨、核污染、热带森林破坏以及高地森林和湿地破坏等各种问题。同时，水土流失、沙漠化、洪水、饥荒、地下水污染、河口和海洋污染、珊瑚礁破坏、海上石油泄漏、过度捕捞、海岸侵蚀、杀虫剂的负面影响和不可再生资源的消耗等问题也明显存在（Foster，2008）。由于土壤受到上述大多数情况的影响，粮食生产也因此受到影响。如果全球变暖超过 2℃，当今食品系统的固有限制将愈发明显。因此，预计在未来的几十年内，粮食和农业政策将发生相应的变化，以减轻全球变暖的不利影响（Fresco，2009）。

1.8 温室气体浓度增加对全球变暖和气候变化的影响

气候变化这一话题的首次提出是在 1979 年的世界气候大会上，在之后 1988 年 12 月 6 日的联合国大会上被列为人类共同关注的问题，迎来了其重要转折点（TTGV，2011）。全球变暖是大气中人为温室气体积累导致的，二氧化碳、甲烷、水蒸气、臭氧和一氧化氮都是主要的温室气体。目前，大气中的二氧化碳浓度已从 280mg/L 增加到 400mg/L，二氧化碳浓度的升高所引起的温度上升也对植物光合作用产生积极影响。这种情况通过引起气候变化，从而影响地球上大部分生态系统（Chae 等，2016）。图 1-2 显示了截至 2050 年大气中二氧化碳的预测情况。可以发现，二氧化碳浓度随时间推移而显著增加，如果延续这种趋势，粮食安全可能会受到严重影响。Galip（2006）认为，如果这种趋势延续下去，30—40 年后，可能就没有可用于农业的可耕地，甚至没有宜居的场所。

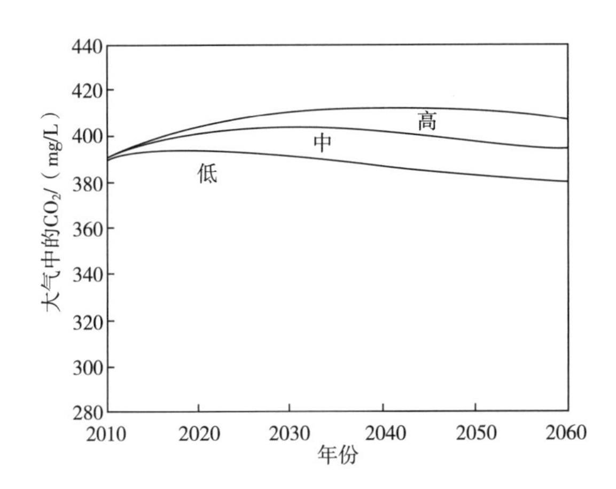

图 1-2
2010—2050 年全球二氧化碳浓度变化的预测
（Davis，Caldeira 和 Matthews，2010）

全球变暖的影响与日俱增。两极的冰川正在融化，海平面可能会迅速上升。一些建立在海平面以上不高的地区及海平面以下的国家，如荷兰、德国和丹麦，可能会失去大片肥沃的土壤。这种情况可能会导致全球粮食产量下降,并可能会造成饥荒(Galip,2006）。然而，气候变化和全球变暖也能产生一些积极影响。例如，基于目前的二氧化碳浓度分析，预计玉米和冬小麦的种植效率将在 2050 年和 2080 年得到提高。此外，冬小麦的春化时间和植物生长的总时间有望进一步减少（Tezcan，Atılgan 和 Öz，2011）。

全球变暖将会造成世界气候热力学发生变化（Pimentel 等，1992）。例如，温度升高将会增加蒸发率，这可能会导致植物蒸腾作用增加（Pimentel 等，1992）。温度升高还可能会导致昆虫生长速度加快（Johkan 等，2011），由此造成美国农产品损失 25%~100% 等一些不良后果（Pimentel 等，1992）。此外，真菌毒素也可能会随着温度的升高而增加，从而对粮食安全产生一些负面影响（Vermeulen，2014）。然而幸运的是，人们已经意识到了全球变暖的负面作用，并为此采取了一些预防措施。如，2015 年七国集团（G7）（加拿大、法国、德国、意大利、日本、英国和美国）峰会上，领导人决定在 2100 年年底前使全球经济“脱碳”（Jones 和 Warner，2016）。如果这一目标得以实现，化石燃料的使用量在未来可能会减少。

1.9 未来水的状况

水是所有生物体的生命之源，在生命活动中发挥着重要功能（Akın 和 Akın，2007）。

地球上 75% 的面积被水覆盖，但只有 0.74% 的水适合人类饮用（Akın 和 Akın，2007）。更重要的是，大部分淡水不适宜直接饮用（Yılmaz 和 Peker，2013）。出于这个原因，在 26 个国家有超过 2.3 亿人缺水，其中有 11 个国家都位于非洲（FAO，2015）。此外，由于人口迅速增加、工业和技术的发展以及缺乏高效用水意识等原因，世界各地的可用水量正在减少（Akın 和 Akın，2007；Yılmaz 和 Peker，2013），对粮食安全造成严重威胁。

水危机，可以定义为超过 10 亿人缺水，以及世界上大约一半人口缺乏饮用水和废水处理的基础设施。根据预测，在未来几十年内，对水的需求将与日俱增，尤其是大城市。在接下来的 20 年中，预计发展中国家将额外需要 17% 的水用于农业生产。与此相一致的是，未来几年的总用水量预计也将增加 40%（Orhon 等，2002）。此外，由于人口增加，人均可用水量预计将从 1995 年的 6840 m^3 减少到 2025 年的 4692 m^3（Yılmaz 和 Peker，2013）。21 世纪世界某些地区已经出现了食物和水的短缺（Bruins，2000）。人口密度高的地区，如地中海、中东、印度、中国和巴基斯坦，未来可能会面临缺水问题（Xiong 等，2010；Hanjra 和 Qureshi，2010）。如果对能源、食品和采矿的需求增加，对水资源的竞争将更加激烈。此外，气候紊乱的影响可能会首先在全球水系统中体现。我们应改变可再生供水系统以克服气候紊乱的不利影响（Yıldiz，2014）。

Ohlsson（2000）对 159 个国家的社会缺水指数进行了分析。在这些指标中，对 1995 年水情和 2025 年水情进行了研究，发现水资源短缺对社会方面的影响更为迅速。这些影响会增加国家之间发生战争和冲突的风险（Yılmaz 和 Peker，2013）。Gleick（1994）认为，如果将水用于军事目的，可能会导致中东国家之间的战争，或者被视为战争的理由（Yilmaz 和 Peker，2013）。另一方面，从 805 年到 1984 年，至少签订了 3600 个关于水的国际协定。据统计，1918—1984 年，同一河流沿岸的国家之间出现 412 个问题，其中 7 个与水有关（Yılmaz 和 Peker，2013）。

1.10 信息技术（IT）和未来厨房

随着生活方式的变化以及越来越多的女性进入职场，我们的烹饪习惯逐渐发生改变，即食和方便食品变得更加流行，因此一些烹饪设备（微波炉、冰箱、3D 打印机、机器人等）将在未来几年变得更加流行，即食型食品产业和快餐业规模也将因此扩大。传统的食谱可能会发生改变，在未来，通常由母亲传承给女儿的烹饪知识也可能会消失。我们期望冰箱可以提供储存食材的可用数量和类型等信息，还希望它们能够自动检测过期食材，根据使用偏好准备购物清单，并根据可用食材提供食谱（Yumurtacı 和 Keçebas）。新一代冰箱将是智能的，可以管理库存，并直接从电子超市订购食材。

根据2015年的数据，家庭食物支出几乎等于在外消费食物的支出，尤其是在美国。图1-3描述了1869—2013年美国的家庭食物支出与在外消费食物支出的百分比分布。图中的趋势表明，未来几十年，家庭以外的食物消费将增加。随着快餐和连锁餐厅数量的增加，预计工业化的即食食品消费规模也将随之增长。

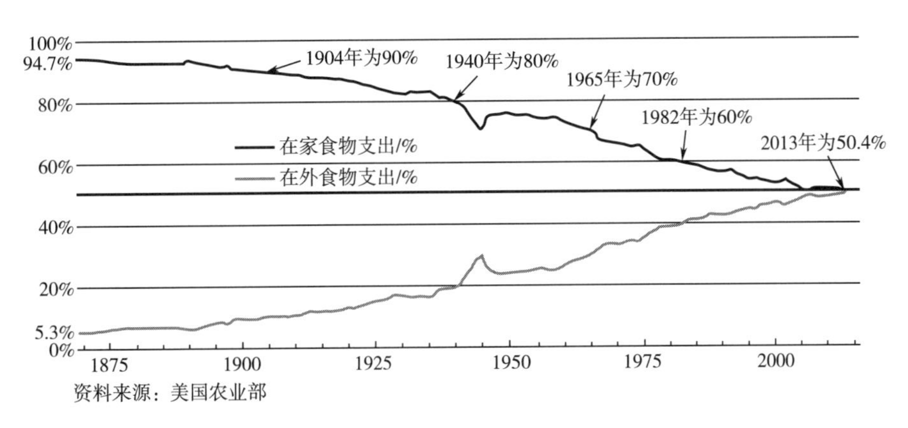

图 1-3
1869—2013 年，美国人在外和家中的食物支出对比（Perry，2015）

预计未来几十年3D打印技术的使用将更加普遍，并且随着这项技术的运用，个性化食品生产技术将开始出现（Sun，Peng，Zhou 等，2015）。此外，预计该技术将通过克服与食品行业低效率和高生产价格相关的问题来提高食品安全（Sun，Peng，Yan 等，2015）。Godoi，Prakash 和 Bhandari（2016）进行的一项研究概述了适用于食品设计的3D打印技术。

工业4.0是包含产品和流程的多项技术发展的叠加。工业4.0与所谓的信息物理系统相关，该系统描述了数字技术与物理工作流程的合并。在生产中，这意味着基于计算机的流程将伴随着物理生产步骤。信息物理系统包括计算和存储容量、机械学和电子学，它们依赖互联网作为通信媒介。另一项技术是物联网技术，定义为对互联网上实体的无处不在的访问。智能产品和工业4.0的经济影响是多方面的。传统场景也将从工业4.0中受益。例如，提供更多个性化产品或客户收到产品后具有延展性的功能，可能会减少产品退货的数量（Schmidtet 等，2015）。

工业4.0有望彻底改变所有工业系统，包括工业化的食品生产系统。智能化工业机器将能够相互连接，全自动系统几乎不需要人工干预。与此相对应的是，在工业生产中工人的数量预计将减少。由于无须对生产系统进行人工干预，因此系统需要更加有效。此外，在工业 4.0 的帮助下，未来工厂在包装材料和食品方面的浪费有望减少。

随着工业 4.0 的发展，机器人技术变得越来越重要，能够控制蔬菜生长的仪器以及采摘机器人都已投入测试之中。此外，正在对可以监测牲畜健康和土壤质量的传感器进行技术改进。尽管其中一些应用程序和技术已经可用，但大多数还处于实验室的研究阶段（King，2017）。此外，最近也有一些公司开始测试在田间无人干预的情况下种植和收获作物（King，2017）。

1.11 对未来粮食和农业的展望

由于全球变暖，马铃薯产量未来可能会下降，这种情况可能会迫使人们在高海拔地区种植香蕉（Thornton，2012）。正因如此，未来香蕉可能会取代马铃薯成为基础食物。此外，玉米、水稻和小麦的产量预计也将因气温升高而减少，而木薯和豇豆的产量将增加。关于无土栽培技术的首次研究是在 1860 年进行的（Hoagland 和 Arnon，1950）。无土栽培可以减少对化石燃料的使用和农药造成的化学污染，并在小范围内提供更多的食物（Despommir 和 Ellington，2008）。现在，无土栽培农业已成为所有农业部门中发展最快的，预计未来无土栽培技术会广泛用于粮食生产（Hussainet 等，2014）。

垂直农业也是近期研究较多的主题（Kozai，Niu 和 Takagaki，2015；Besthorn，2013；Banerjee 和 Adenaeuer，2014）。在新加坡，“绿色天空”（Sky Green）是垂直农业的一个典范，与用于蔬菜种植的传统农业方法相比，这种方法对水、土壤和肥料的需求量减少了 75%（Christ，2013）。在城市中，垂直农业具有重要的应用潜力，在未来它有望被广泛用于粮食生产（Al-Chalabi，2015）。

未来，功能性食品可能会在全世界范围内受到普遍的欢迎。最近，这些食品的生产速度加快，更多功能性食品正在生产中（Alasalvar 和 Pelvan，2009）。营养和基因的相互作用研究为未来专注于降低疾病风险的食品开发提供了重要机遇（Mermelstein，2002）。我们可以通过功能基因组学技术建立快速筛查基因的方法，以开发适用于患有慢性疾病人群的食品，如开发一些针对心血管疾病、癌症、糖尿病、肥胖症和骨质疏松症的新资源食品（Mermelstein，2002）。快餐类食品和现在一样，在未来仍将是消除饥饿的一类重要食物

（Bogaz，2003）。随着教育水平和健康意识的提高，未来健康性和功能性食品可能会比快餐类食品更受欢迎。另一方面，昆虫作为一种蛋白质来源，已经越来越受欢迎。目前，有20亿人将昆虫作为日常饮食的一部分，据统计，有超过1900种昆虫可供人类食用（Pal和Roy，2014）。我们相信，在遥远的未来，从昆虫和昆虫细胞培养物中提取的食物可供人类在太空长途旅行中食用（Mlceket等，2014；Durstet等，2010）。

一种称为人造肉生产的创新技术正在逐步替代传统肉制品生产技术（Orzechowski，2015）。如今出现了许多关于这项新技术的研究，由于对其可持续性的怀疑，消费者对它的接受度，道德问题，高生产成本，及其对人类健康和环境的影响，这种技术在未来的使用仍是不可预测的（Bonny等，2015）。尽管如此，它仍是一项有前途的技术，所以，当生产条件满足的时候，人造肉可能被大规模地生产。

军曹鱼（*Rachycentron canadum*）生长速度快、经济价值高、网箱养殖适应性强、抗病力强，是鱼类养殖的优选鱼种。上述诸多的优点使得它有望成为未来渔业的一种重要鱼类（Sun等，2006）。此外，澳洲肺鱼在未来也可能成为一种重要且有价值的产品（Gray，1987）。另一方面，农产品展览的策展人展望了未来的替代食品，例如历史上的“奇迹作物”面包果和小球藻（King，2016）。

1.12 纳米技术在农业和食品工业中的当前及未来应用

“纳米”一词来自希腊语，意思是“侏儒”。从技术上讲，它意味着10^{-9}或十亿分之一数量级（Demirbilek，2015）。目前，纳米技术在食品和农业行业有诸多的应用（Tarhan，Gökmen和Harsa，2010）。

食品生产、新型功能食品的开发、生物活性材料的输送、病原体的控制与检测以及借助新型包装技术延长食品的保质期，是纳米技术的一些应用方向。在未来几年，借助来自蛋白质、碳水化合物和脂质的纳米颗粒，将有可能获得与食物的质地、香气和含量有关的理想特性（Tarhan，Gökmen和Harsa，2010）。

食品的分子合成是有前途的。例如，未来通过合成，可以在不杀死任何动物、不破坏环境的情况下获得肉制品和蔬菜。在烹饪或食用之前，可以合成食物，不再需要冰箱（Hall，

2014）。目前，3D 打印技术已经开始朝着这个方向发展了。

纳米技术也在分子水平上治疗疾病、即时监测疾病、提高植物的吸附能力等方面提供了重要的支持。这些应用可能会彻底改变食品行业和农业。未来几十年内，在纳米催化剂的帮助下，杀虫剂和除草剂即使在较低水平下也会更加有效。在农业生产中，纳米技术也可以用于精准监测环境变化，从而提高生产效率。此外，还可以以更有效的方式减少或再利用农业废弃物（Demirbilek，2015）。与食品行业的其他技术与发展一样，纳米技术在伦理层面的可接受性可能是决定其应用的关键因素（Süfer 和 Karakaya，2011）。

图 1-4 显示了全球食品行业的当前和未来发展趋势。首先，可持续性是最重要的主题。尤其是随着全球变暖的影响越来越显著，可持续性将变得更加重要。此外，新兴技术能够更好地保持食品的感官特性。在接下来的几十年里，这一趋势可能会保持下去。消费者的需求更多的是以研发为基础，改善自然属性的食品。那些在数字化时代长大的人（Z+ Generation）对新奇的事物尤为感兴趣。因此可以说，以创新和研发为基础的食品在未来可能会更加普遍。

图 1-4
全球食品行业的现状和发展趋势
（Ata，Çakar 和 Isitan，2011）

1.13 2030年（2050年之前的过渡期）

不断增长的人口需要比以往更多的粮食。到2030年，谷物产量需要翻一番，肉制品产量需要增加75%。气候变化将对这些因素以及植物、二氧化碳水平、昼夜温差、季节、海平面等产生影响（Fresco，2009）。到2030年，世界可能发生改变。例如：（1）可以利用城郊集约化农业来生产大量的家禽和蔬菜；（2）通过利用新型生物，如泥虫等，进行水产养殖；（3）一些植物养分可以通过城市废物的再利用来获得；（4）未来可能由藻类来满足对蛋白质的需求；（5）可以使用羽扇豆或大豆来代替肉（Fresco，2009）。此外，预计到2030年，对水的需求将比今天高50%（Saguyet等，2013）。由于世界资源有限，因此需要通过运用创新技术来更有效地利用这些有限的资源。此外，人造肉可以作为蛋白质的来源，代替动物性蛋白质。

1.14 食品工业相关的生物燃料的未来

生物燃料在世界范围内越来越受欢迎。生物燃料产量居世界前列的国家有巴西（37%）、美国（33%）、中国（9%）和印度（4%）（Tasdan，2005）。在一些报告中，有学者认为目前的生物燃料生产尚未对食品价格产生直接影响，这与公众的看法相反（Fresco，2009）。在全球范围内，生物燃料生产占所有农业地区的1%。如此极低的占比导致其无法直接影响食品价格（Fresco，2009）。此外，随着人们环保意识的增强，可再生能源的使用也日益增加（Ellabban，Abu-Rub和Blaabjerg，2014）。为了防止食品和生物燃料生产之间产生冲突，已经研究了具有前途的生物燃料生产技术，即第二代和第三代生物燃料（Simset等，2010；Lü，Sheahan和Fu，2011；Demirbai，2011；Daroch，Geng和Wang，2013；Antizar-Ladislao和Turrion-Gomez，2008）。如果这些技术的发展在未来几年能够得到保持，预测到2050年，粮食和生物燃料生产之间将不会发生冲突。

1.15 火星任务和太空旅行的食物

1962 年，在美国第三次载人航天飞行任务中，约翰·格伦吃下了用牙膏管盛装的太空食物。这些以谷物为原料、压制成方块状的食物是早期太空食品系统的重要组成部分。一些新技术，如脱水和辐照，被开发出来以提高太空任务的食品质量（Bourland，1993）。一旦确认其对健康的有益影响，营养品或药物食品可能成为未来执行长期任务的食品系统的组成部分。现在很难确切地知道哪种食品系统可用，但它应该是安全和富有营养的（Perchonok 和 Bourland，2002）。

NASA 的先进食品技术（AFT）项目正在研究引入生物再生食品系统，以支持火星表面长期栖息地的任务（Perchonok，Cooper 和 Catauro，2012）。新鲜水果和蔬菜，以及其他可能的商品，可以在环境受控的室内水培种植（Perchonok，Cooper 和 Catauro，2012），而且火星土壤非常适合种植不同的蔬菜（Kading 和 Straub，2015）。其他原料商品可能会从地球上批量发射并加工成可食用成分。这些经过加工的原料以及新鲜水果和蔬菜，可用于在火星厨房中准备餐点（Perchonok，Cooper 和 Catauro，2012）。

1.16 思考与展望

随着人口的增长，食物和地球上有限的资源都面临压力。过去，地球上的资源被贪婪地、不知不觉地消耗着。最近人类意识到应该可持续地利用地球上的资源。在科学技术的助力下，有望实现这一目标。食品科技、农业科技、纳米科技、生物科技等方面的进步尤其大有可为。遗憾的是，目前的趋势表明，未来几年食物获取仍可能会继续成为数百万人面临的问题，如果不采取措施，饥饿问题将持续加剧。除此之外，新技术也将在解决全球饥饿问题方面发挥作用。随着这些技术的发展，全球变暖的不利影响可能仅限于在粮食和农业生产方面。

未来如此复杂，很难做出准确的预测，因为有诸多不同的因素，例如经济、政治、人口、气候、技术等。然而，人们意识的增强和当今技术的发展，为在未来建立一个更美好的社会提供了机会。通过可持续、现实和公平的政策的实施，粮食安全可能会在今天和未来得到保障。

根据本书的现有信息，未来食品将受到以下因素的影响：

1. 人口增长
2. 农业面积和土壤质量下降
3. 气候变化
4. 环境变化和破坏
5. 全球变暖对农业的影响增加
6. 可用水量和质量下降
7. 水的用量增加
8. IT 的发展
9. 纳米技术和加工技术的发展
10. 年龄组成的变化
11. 生活方式的变化
12. 工业 4.0 和工业 5.0 的发展
13. 快餐 / 慢餐的发展
14.3D 打印技术
15. 超级 / 智能 / 功能性食品的发展
16. 生物燃料使用量的增加
17. 无人驾驶车辆的发展及其在食品工业中的应用
18. 组学技术的发展及其在食品工业中的应用
19. 医药和生物工程的发展
20. 包装和储存技术的发展
21. 老年人及其食物需求的增加
22. 消费者食物偏好的变化
23. 由于全球变暖的负面影响，拥挤人群的迁移
24. 在另一个星球上生活的发展，如火星
25. 空间技术的发展
26. 世界各地的移民运动
27. 火星组学、空间组学的发展研究

第二章
食品和纳米技术的未来

→

The Future of Food and Nanotechnology

如今人们发现很难解决粮食、农业和畜牧业的一些问题。但随着科技的发展，纳米技术为饥荒、干旱、全球变暖、人口增长等问题提供了很有创意的解决方案。在本章节中，我们对纳米技术在食品、农业和畜牧业中的应用进行了分析。关于这一主题的研究通常只包含科学发展，但本书还涵盖了过去、现在和将来的工业实例。关于此主题，我们有必要提供更全面的信息。

纳米“nano”一词来自于希腊语，意为“侏儒”，用更科学的术语描述“nano”意为 10^{-9} 或十亿分之一（Greiner，2009）。纳米技术是基于单个原子或分子的控制，应用一个一个的原子或组成的较大的结构，来生产具有新颖或截然不同性质的创新材料和设备（Joseph 和 Morrison，2006）。1959 年，物理学家理查德 · 费曼首次向美国物理学会提及这一概念（Ozimek，Pospiech 和 Narine，2010）。东京理科大学的 Norio Taniguchi 教授于 1974 年正式提出“纳米技术”这一术语（Kim，2014）。纳米技术的历史如图 2-1 所示。

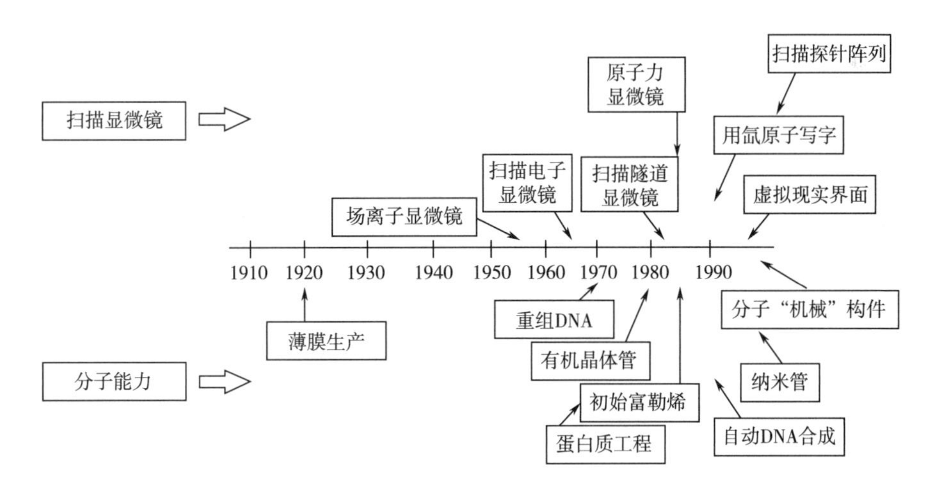

图 2-1
纳米技术的历史（Nelson 和 Shipbaugh，1995）

纳米技术是一项相对比较新的技术，可能是第二次技术革命的开端（Milan 等，2013）。但它在食物的利用上却有一段悠久的历史。纳米食品技术的历史始于巴斯德及其巴氏杀菌过程（Chellaram 等，2014）。事实上，纳米食品技术长期以来一直是食品科学与技术的一部分，因为大多数天然食品结构存在于纳米尺度上（Sekhon，2010）。“纳米食品”

一词通常被描述为通过纳米技术或工具种植、生产、加工或包装的食品，或添加人造纳米材料的食品（Momin，Jayakumar 和 Prajapati，2013）。纳米技术在食品行业的应用如图 2-2 所示。

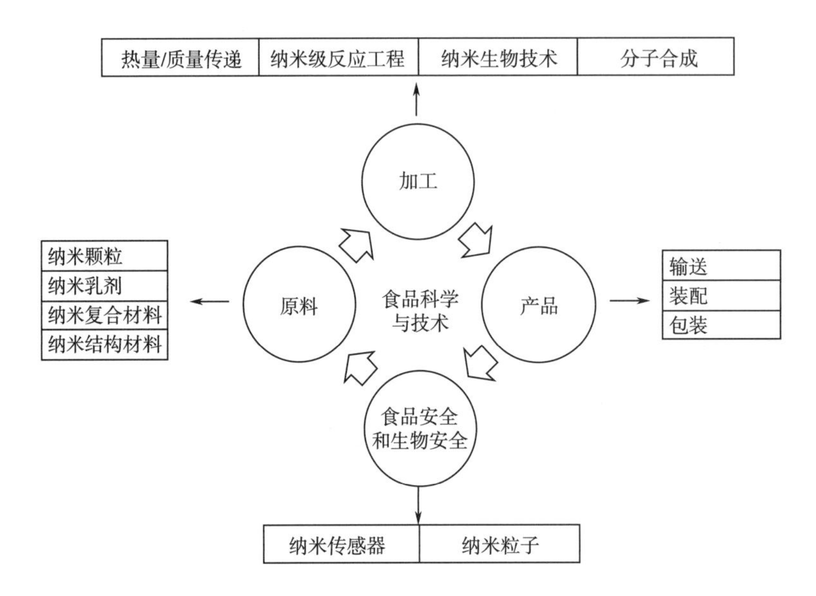

图 2-2
纳米技术在食品行业的现有应用（Weiss，Takhistov 和 McClements，2006）

1999 年，卡夫食品成立了业界第一家纳米食品实验室（Group，2004）。2000 年，卡夫食品公司总部设立在芝加哥，并且开始赞助纳米技术联盟。之后，瑞士的雀巢研究中心指派了一组专家对纳米技术在食品系统中的潜在益处进行了研究（Dunford，2005）。2002 年 12 月，美国农业部（USDA）起草了世界上第一份将纳米技术应用于农业和食品的“路线图”（Group，2004）。2006—2009 年，该创新技术的使用量剧增到 379%，产品数量从 212 种增加到了 803 种（Raimond，2008）。美国是研究纳米技术的倡导者，其次是日本和中国。2015 年，Hernandez-Sanchez 和 Gutierrez-Lopez 在《食品纳米科学和技术》（Food Nanoscience and Nanotechnology）一书中介绍了纳米材料在食品相关领域的最新进展。

预计在将来，纳米技术将改变整个食品行业（Mishra，2012）。在纳米技术的助力下，从农场到餐桌包括参与这些流程的人，食物生产链的每一步都有望发生改变。通过改变食品的生产、种植、加工、包装、运输甚至食用方式，纳米技术有望彻底改变食品科学与技术（Group，2004）。预计在未来，食品将通过所谓的分子食品制造生产出来。一些研究小组虽然已经开始探索，但采用的仍然是自上而下的方法，而且使用的是细胞而不是分子。人们期待这种先进的技术在遥远的未来会实现，借助这项技术可能会实现更加可持续、高效的食品生产过程（Joseph 和 Morrison，2006）。有些人认为，分子工程将使我们能够生产出无限量的食物，而不需要土壤、种子、农场或农民——这将会消除饥饿（Group，2004）。

未来的发展包括加工纳米结构或质地的食物（使用更少的脂肪和乳化剂得到美味的食物）；以脂质体或基于生物聚合物的纳米胶囊的形式提供营养素和补充剂的纳米载体系统；应用于食品、营养补充剂和动物饲料的纳米添加剂，这些添加剂可以结合并清除毒素或病原体（Hemández-Sanchez 和 Gutiérrez-Lopez，2015）；以及在食品包装中的应用，如含有或涂有纳米材料以改善机械或功能特性的塑料聚合物、用于阻隔或抗菌的食物接触表面的纳米涂层、表面功能化纳米材料、纳米农用化学品、用于食品标签的纳米传感器。DNA 微阵列、微机电系统和微流体等技术的进步将使纳米技术在食品应用中的潜力得以发挥（Ravichandran，2010）。此外，了解食品中的天然纳米结构及其基本原理将有助于选择性能和质量更好的原材料（Morris，2007）。

未来，纳米技术在食品中的几乎所有可能的应用都将取决于它们是否能被公众接受（Gutierrez 等，2012）。因此，让人们充分了解创新技术带来的主要和可能的益处是非常重要的。一项调查表明，如果转基因食品或基于纳米技术的食品能够提供更好的营养或提高食品安全性，大多数人将会更接受这些新技术（Anon，2014）。

2.1 纳米技术在食品工业和农业中的应用

纳米技术是 21 世纪最重要的技术发展之一，在这一领域已经进行了许多研究。因为纳米尺寸的材料与其宏观对应物具有显著不同的特性，所以可在不同的层面上发挥作用。在食品工业应用中，纳米技术的使用率正在增加并有望在未来进一步快速增长（Ozimek，Pospiech 和 Narine，2010）。纳米技术在食品和农业中的研究有四个重点领域（Miller 和 Kinnear，2008）：（1）种子和肥料 / 农药的纳米改性；（2）食品“强化”与“修饰”；（3）互动式“智能”食品；（4）“智能”包装和食品跟踪。

在食品生产过程中，纳米技术已经被用于生产防污表面，这样可以防止加工过程中堵塞机器和设备，减少机器的停机时间和清洁时间并降低生产成本（Coles 和 Frewer，2013）。此外，纳米筛可用于过滤细菌（Bouwmeester 等，2009）。在食品行业中还有一些其他使用纳米技术的例子。例如，美国一家名为 Oilfresh Corporation 的公司推出了一种新产品——纳米陶瓷，它可以将餐馆和快餐店烹饪的用油量减少一半，同时，因为加热油的时间减少了，还可以减少烹饪过程所需要的能量（Joseph和Morrison，2006）。此外，LLC公司（LNK Chemsolutions）研究了可食用性聚合物纳米胶囊在防止食品分子香气降解方面的应用，目标是延长敏感食品的保质期（Group，2004）。

可乐口味的纳米牛奶、减脂的纳米蛋黄酱和用于增加硒吸收的纳米硒茶都是采用纳米技术生产的。口香糖中使用纳米钙盐的专利已经申请。另一方面，为了减少人体对盐分的吸收，有研究人员开发了对消费者有益的纳米盐产品（Sekhon，2010）。

一家匈牙利的企业研发了一种用于软饮料和冰淇淋的冰凝胶，其中包含直径为1~10nm用于起泡的二氧化碳气泡。此外，含有直径为87 nm液滴的采用纳米技术的气溶胶正用于增加食品中维生素B_{12}及其他补充剂的吸收（Momin，Jayakumar和Prajapati，2013）。

以纳米技术为基础的食品材料作为营养物质的输送系统，虽然是一个新兴的研究领域，但有些产品现在已经供消费者使用了。例如，赛福科技公司（Salvona Technologies）开发了一个由纳米颗粒输送营养品的系统，NanoSal™是由游离固体纳米颗粒组成，MultiSal™是含固体纳米颗粒的微球；巴斯夫（BASF）公司生产纳米颗粒番茄红素；星露公司（AquaNova）生产了胶束输送系统。除AquaNova外，其他一些公司也拥有在纳米结构传递系统方面的专利——宝洁（Procter and Gamble）（壳聚糖）、伊兰制药有限公司（Elan Pharma International Ltd）（黏附性纳米颗粒）、卡比法玛西亚（Kabi Pharmacia AB）（固体脂质纳米颗粒）、帝斯曼知识产权资产有限公司（DSM IP ASSETS B.V.）（异黄酮纳米颗粒）、巴斯夫（多核纳米颗粒和胶体系统）、雪印乳业株式会社（Snow Brand Milk Products Co., Ltd.）（铁乳清纳米颗粒）、科莲公司（Coletica）（基于植物蛋白的纳米颗粒）和糖原公司（Glycologic Ltd.）（基于碳水化合物的输送系统）。另外，一些公司已经生产出具有更高生物利用度的纳米级矿物（Robinson和Morrison，2009）。

目前，即使未经美国食品药品监督管理局（FDA）的检测，依靠纳米技术的产品也已用于100多种食品以及食品包装和接触材料。一些依靠纳米技术的食品包括菜籽油活性成分（海法市，以色列），强化果汁（美国），纳米医学瘦身奶昔（欧文市，美国），纳米乳酸饮料（美国），燕麦营养饮料（洛杉矶，美国）、每日维生素补充强化果汁（夏威夷，美国）以及在顶级面包中含有金枪鱼鱼油（ω-3脂肪酸的来源）的纳米胶囊（澳大利亚）（Momin等，2013）。

还有一些关于在农业中更有效地使用杀虫剂和除草剂的研究。例如，印度和墨西哥的大学联合致力于开发无毒的纳米级除草剂。印度泰米尔纳德邦农业大学和墨西哥蒙特雷理工学院的科学家们正在寻找破坏杂草种子外壳并阻止其发芽的方法（Ravichandran，2010）。除此之外，还有其他在农业中使用纳米技术的实例。例如，为牲畜提供更有效营养素和药物的纳米材料缓释系统（Lauterwasser，2005）。

2.2 利用纳米技术处理水

全世界有超过 10 亿人缺乏安全的饮用水，超过 25 亿人缺乏足够的卫生设施。更不幸的是，全世界每年有 500 多万人死于与水相关的疾病（Raimond，2008）。尽管水在人们的生活中有多种多样的用途，但问题是穷人获得水源的途径有限（UNDP，2006）。

目前，市场上已经出现了一些利用纳米技术进行水处理的设备，且其他的设备也正在开发中。这些基于纳米技术的产品包括纳滤膜、纳米陶瓷、黏土 / 聚合物过滤器、纳米沸石、纳米催化剂，以及磁性纳米粒子和纳米传感器（Raimond，2008）。在水净化或土壤清洁过程中使用纳米颗粒的例子包括氧化铝、镧颗粒和纳米级铁粉（Joseph 和 Morrison，2006；Bouwmeester 等，2009；Jha 等，2011）。

现在已经有一些运用纳米技术进行水处理的研究，包括（Gutiérrez 等，2012）：

（1）磁性纳米吸附剂，能够净化污水，适用于农业灌溉。

（2）在水的分配和存储系统中，生物膜可以形成表面以避免细菌黏附并具有自清洁功能，可以防止结垢，阻碍生物腐蚀和病原体。

（3）基于金属纳米颗粒的膜系统可以防止污染并在水质不适合人类使用和有废水的地方进行净化，减少处理步骤。

（4）用于收集雨水的纳米海绵。

（5）纳米水棒，一种由放置在柔软多孔材料上的碳纳米管制成的吸管状过滤装置。

（6）带有 DNA 的纳米颗粒能够追踪水的流动，这将可以识别水源是否被污染。

其他用纳米技术处理水的应用及研究包括：

（1）美国伦斯勒理工学院（Rensselaer Polytechnic Institute）和贝拿勒斯印度教大学（Banaras Hindu University）设计了一种简单的工艺来制造由碳纳米管组成的过滤器，该过滤器通过去除微至纳米级的污染物来快速清洁水（Raimond，2008）。

（2）美国的阿戈尼德（Argonide）公司开发了一种过滤器，由玻璃纤维基板上的氧化铝纳米纤维组成。这些氧化铝纤维能够过滤水流中的细菌和病毒等微生物（Raimond，2008）。

（3）一些公司在开发水过滤设备时，其他公司，如阿尔泰纳诺（Altairnano），在开发水净化设备（Joseph 和 Morrison，2006）。

（4）南非西北大学（North-West University）的一个项目采用了陶氏化学公司（Dow Chemical Company）的美国子公司菲尼克斯（Filmtec）的纳滤元素，以净化农村社区的饮用水供应（Raimond，2008）。

（5）一家名为高清科技（Crystal Clear Technologies）的初创公司开发了一种用于去除水中不同的重金属的系统（Chen 和 Yada，2011）。

（6）美国的公共事业公司长滩水务局根据纳米技术的原理设计了一种名为“长滩法”的过滤过程。该方法需要的压力比其他海水淡化的方法低很多，但其工业用途还在测试中（Raimond，2008）。

（7）澳大利亚的纳米化学有限公司（NanoChem Pty Ltd.）开发了一种名为“中沸石”的水处理技术，该技术可以去除废水中的氨并将其浓缩成商业肥料（Raimond，2008）。

2.3 纳米技术在食品包装中的应用

食品包装覆盖在食品表面，为其提供了一个稳定的环境，保护其免受环境变化的影响，如湿度、光照、温度的变化，物理损伤以及微生物和其他生物的污染。此外，它还为消费者提供产品的相关信息。通过这种方式，食品包装为食品行业提供了各种便利。在发达国家，食品包装行业占国民生产总值的比例接近 2%（Robinson 和 Morrison，2009）。

纳米技术和工具可用于任何食品的生产和包装。使用纳米技术的食品包装可以增强其耐用性，提高温度调节性能，并且还具有抗菌特性（Kim，2014）。为了获得这些理想的特性，需要使用低于 5%（*w/w*）的低水平纳米材料。纳米颗粒不会导致食品包装加工特性、密度、透明度等发生任何变化（Greiner，2009）。

全球基于纳米技术的包装应用市场从 2003 年的 6600 万美元增长到 2008 年的超过 3.6 亿美元（Momin，Jayakumar 和 Prajapati，2013）。食品包装材料与活性物质的结合是控制食品表面微生物污染的一种新方法。一些纳米材料表现出抗菌性能（Cushen 等，2012）。例如，粉末状的氧化锌量子点可用作针对单核细胞增生李斯特菌、沙门菌和大肠杆菌 O157：H7 的抗菌包装（Momin，Jayakumar 和 Prajapati，2013）。纳米氧化镁、纳米氧化铜、纳米二氧化钛和碳纳米管也具有用于抗菌食品包装的潜力（Momin，Jayakumar 和 Prajapati，2013）。

发掘可生物降解包装材料和寻找使这些材料可降解的新方法的需求正在增长。可接受的生物塑料包括纤维素、淀粉、聚 β- 羟基烷酸酯和聚乳酸（PLA）塑料（Mahalik 和

Nambiar，2010）。最近的研究表明，农作物和树木能够提供纳米级的纤维素材料。这将为通过纳米技术从农作物和森林中获得具有创新性和增值性的生物材料和产品开辟道路。例如，纤维素纳米晶体可作为纳米复合材料在聚合物基质中用作轻质增强材料。这些类型的应用也可能在食品包装行业中占有一席之地（Chen 和 Yada，2011）。

在全球范围内，许多公司通过将纳米技术应用于食品包装来开发其他类型的应用。这些公司包括来自美国的尖端印象（Sharper Image®），开发了长保质期的食品储存容器和塑料储存袋；来自韩国的安迪国际（A-DO），开发了纳米银食品容器；来自韩国的婴梦儿（Baby Dream），开发了纳米银婴儿奶瓶，还有美国的蓝月亮（Blue Moon Goods）、英国的埃弗林（Everin）、英国的 JR 纳米技术公司（JR Nanotech Plc.）。使用酶在聚乙烯薄膜之间进行除氧的包装也被开发出来（Momin，Jayakumar 和 Prajapati，2013）。此外，中国台湾的宋星纳米科技有限公司（Song Sing Nanotechnology Co. Ltd.）生产了一种含有纳米氧化锌光催化剂的薄膜（纳米塑料包装）（Greiner，2009）。

拜耳公司开发了一种新型塑料薄膜——Durethan® KU 2-2601，它基于聚酰胺和黏土片层形成不透气的薄膜，并提高了光泽度。据说这个新的薄膜将确保瑞士奶酪的气味不会与杂货店冰箱中的意大利腊肠的气味混在一起。在包装跟踪和跟踪消息传递方面，纳米技术也有很大的应用前景，相关的技术也已经在开发中（Smith，2011）。能够检测包装产品的成熟度和病原体存在的纳米传感器也正在开发中（Coles 和 Frewer，2013）。巴斯夫、卡夫（Kraft）和世界各地的其他公司都在努力开发新型纳米材料以延长食品的保质期，并在变质的食物发生变色时发出信号（Lauterwasser，2005）。

预计在不久的将来，射频识别显示（RFID）会作为下一代封装技术使用。一些公司如沃尔玛（美国）、家得宝（美国），麦德龙（德国）和特易购（英国）已经测试了这项技术（Greiner，2009）。RFID 标签有望代替条形码的使用（Robinson 和 Morrison，2009）。

为食品或包装产品添加一定功能的表面功能化纳米材料也正在开发中。目前的例子包括在食品包装应用中使用有机改性的纳米黏土（Chaudhry 和 Castle，2011）。纳米黏土—聚合物复合材料的潜在应用包括在各种食品中的包装应用，如加工肉类、乳酪、糖果、谷物和袋装加热食品，果汁和乳制品的挤出涂层应用和用于制造啤酒和碳酸饮料瓶的共挤压工艺（Greiner，2009）。此外，美国膜诺所公司（MonoSol）创造了可溶于水的食品袋（Anon，2015）。自冷和自热包装的应用在未来也可能会推出（Anon，2015）。纳米技术衍生的聚合物复合材料为食品包装提供了创新的轻质而更坚固的材料，可以保证食品在运输过程中的安全性和在储存期间的新鲜度。总而言之，对于包装而言，近期确认的最有前景的增长领域包括活性和智能包装（Chaudhry 和 Castle，2011）。

简而言之，由于食品外部存在有益的阻隔包装，基于纳米技术辅助的包装有望将食品保质期进行延长。此外，当食品受到污染或变质时，消费者将收到通知，撕裂的包装将得到修复，包装中的保护剂将释放出来以延长食品的保质期，因而食品安全将得到改善（Chellaram 等，2014）。考虑到这一点，预计使用纳米技术的食品包装应用在未来将会占据主导地位（Paul 和 Dewangan，2014）。

2.4 纳米技术在未来食品、农业和畜牧业中的潜在应用

粮食短缺是一个长期存在的问题，因为没有办法生产足够的食物来养活每一个人（Jha 等，2011）。现在，农业食品部门正面临着全球变暖和城市化进程加快等局面。不利的因素正在增加，如，肥沃农业区的可用性减少、资源可持续利用的减少以及农药和化肥的不利影响（Chen 和 Yada，2011）。而纳米技术能够彻底改变农业和食品行业所遇到的难题（Jha 等，2011）。例如，用于提高植物吸收营养能力的新型材料（Joseph 和 Morrison，2006）可通过纳米技术获得。此外，纳米技术已经显现出了它在解决当前和未来农业和社会面临的重大挑战的巨大潜力（Chen 和 Yada，2011）。科学和技术的发展有助于提高农业生产力，减少环境影响和主要与农业生产相关的资源成本。此外，在不久的将来，畜牧业生产将面临一些重要挑战，例如生产效率、动物的健康、饲料的营养效率、疾病（包括人畜共患病）、产品质量和价值、副产品和废物，以及环境足迹，这些都可以通过纳米技术得到改善（Chen 和 Yada，2011）。基于纳米技术开发出来的饲料可替代化学抗生素并用于工业化鸡肉生产（Lauterwasser，2005）。

精准农业是一套帮助农业为计算机化信息世界做准备的技术（Gandonou，2005）。通过智能传感器为农民提供正确的信息，农业生产力有望得到提高（Joseph 和 Morrison，2006）。在未来，精准农业有望类似于机器人农业，因为农业机械将设计成自主运行，持续适应输入的数据（Group，2004）。出于这个原因，精准农业是一个可以最大限度地提高农业生产，同时又最大限度地减少生产所需投入的一个关键系统，因此它提供了一种可持续的方式来满足世界日益增长的需求。可以合理地预测，使用纳米技术将会在纳米级别上对生产过程进行精确控制。这为改进精准农业实践提供了最有益的可能性，比如观察作物和田间条件，如湿度水平、土壤肥力、温度、作物营养状况、昆虫、植物病害、杂草和 pH（Chen 和 Yada，2011；Gutiérrez 等，2012）。

位于耕地间的无线纳米传感器网络提供的必要数据实现了更好的农业情报处理，目的

是最大限度地减少资源投入并最大限度地提高产量（Chen 和 Yada，2011）。所有收集到的信息都可能有助于减少浪费和节省农用化学品（Gutiérrez 等，2012）。纳米技术还可以通过在耕作过程中减少水和化学品的使用，以更经济、更高效和更可持续的方式生产食品（Raimond，2008）。未来在纳米技术的助力下，农业中使用杀虫剂和除草剂的成效预计会提高，而且使用的剂量会比现在低（Joseph 和 Morrison，2006）。

据估计，通过纳米食品和相关系统的开发，产量增长将会继续（Paul 和 Dewangan，2014）。预计到 2025 年，纳米技术和纳米生物信息的融合将影响超过 40% 的食品行业（Jha 等，2011）。从田间到餐桌，纳米技术不仅会改变食物生产链每一步的运作方式，而且还会改变参与者（Group，2004；Lauterwasser，2005）。据美国 ETC 集团的消息称，在接下来的几十年中，纳米技术的应用对农业和食品工业的影响甚至可能超过农业机械化和绿色革命（Lauterwasser，2005）。

现代科技已经取得显著的进步，DNA、微阵列、微电子机械系统和微流体等领域仍在持续发展，这些发展将为纳米技术在食品中的应用提供机会。另一个预期是，创新技术可能会首先应用于功能性食品中，然后是标准食品、营养食品和其他食品。预计纳米技术在微米级和纳米级的设计创新、功能性食品配方和食品加工中的应用将成为最具成本效益的应用（Ravichandran，2010）。其中，食品加工在蛋白质的生物分离、生物和化学污染物的快速取样、营养品的纳米包装、增溶、传递和食物系统的色泽等方面可能会得到很大的改善。这是在纳米食品和农业领域的一些新兴话题。纳米技术的一些其他的应用包括根据消费者的喜好或健康要求而改变食物的颜色、味道和营养成分，过滤器可以根据形状而非大小来筛选分子，从而筛选出毒素并改变其风味（Ravichandran，2010）。纳米技术还可以借助传感器提供更多有关食品运输和储存历史的信息，这将为消费者提供更安全的食品（Paul 和 Dewangan，2014）。

随着纳米技术的出现，有益成分的加工可以达到纳米级，因此达到该功能最佳效果的所需浓度也会随之降低。这些可能包括改进其运输特性、溶解能力、在胃肠黏膜中的停留时间以及细胞的吸收效率（Ravichandran，2010）。

由于地上和地下供应的淡水有限，海水淡化处理可能是最重要的淡水来源之一。传统的海水淡化系统是逆向渗透膜过滤，通常需要大量的能量，所以成本很高且不可持续。在此基础上，有研究者尝试了一些新的基于纳米技术开发的低能耗反渗透系统的替代技术。其中，最有前景的三种技术是蛋白质聚合物仿生膜、定向碳纳米管膜和薄膜纳米复合膜（Chen 和 Yada，2011）。在未来，随着这些技术的应用，所有人都可以获得足够的淡水。

通过使用新型纳米技术，转基因植物可能会变成原子级转基因植物（Group，2004）。在未来，基于原子工程将可以通过重新排列种子的 DNA 来获得不同的植物特性，包括颜色、生长季节、产量等。对未来的预测包括原子水平的高功效工程农药和化肥，它们可以广泛用于维持植物生长（Miller 和 Kinnear，2008）。未来对纳米技术应用的另一个期望是，在纳米技术的帮助下，可以操纵食物的原子和分子结构。通过这种方式，食品部门将可以以一种更精确和个性化且低成本、可持续的方式来设计食品（Ravichandran，2010）。

在遥远的未来，食物可能会由其组成部分的原子和分子生产，这称为分子食品制造（Joseph 和 Morrison，2006）。可以想象，通过操纵自身分子和原子来生产食品代表了世界各地食品行业的未来（Ravichandran，2010）。

纳米技术可以通过许多创新的方式赋予加工食品独特的优势。例如，可编程食品，可以设计出想要的颜色、味道、营养成分和香味的产品，已经成为许多人首要的想法和梦想。在可预见的未来，借助可编程微波炉可以实现这些类型的应用。提高溶解度、生物利用度，促进控制释放以及食品中微量营养素的保护稳定性是纳米技术的其他优点（Ravichandran，2010）。卡夫食品公司目前正在研究更新鲜、更健康的定制食品。正在研究一些适用于餐饮业的属性，例如，根据消费者需求来调整食物的气味和味道。另一个应用是通过为过敏人群去除特定的食品过敏原来定制食物（Kim，2014）。

纳米技术食品的潜力似乎是无限的（Sekhon，2010）。然而，它的应用还存在一些挑战。该行业面临的第一个挑战就是制造商业化产品。因为企业家面临许多限制，所以测试出一个合理的结果可能需要很长时间。第二个挑战则是对健康和环境的潜在风险（Gruère，2012）。

2.5 公众对食品中纳米技术的认知和接受度

纳米技术的商业潜力在很大程度上取决于消费者的接受程度（Gutiérrez 等，2012），即使它有广阔的应用前景——让生活更轻松。广告中的食品大多与自然有关，这并非巧合，因为建立食品与自然的关系对消费者来说是一个积极的概念。本着这一宗旨，一些研究结果表明自然和技术之间的二分法对于更好地接受创新食品技术很重要。因此，消费者应该充分了解新技术的优势。如果一项新技术能够为新产品提供实实在在的好处，消费者就更有可能接受它（Siegrist，2008）。消费者拒绝新技术是因为对它们不了解。尽管我们花了很长时间来解释在食品中使用新技术的好处，但很难成功地推广其中的一些技术（Rollin，Kennedy 和 Wills，2011）。出于这个原因，媒体在消费者对纳米技术食品的认知中仍扮演着关键角色（Kim，2014）。从 2005 年 1 月至 2009 年 10 月，欧洲消费者接触了大约 1531 篇关于纳米技术的文章（Rollin，Kennedy 和 Wills，2011）。由于纳米技术得到了媒体的支持，所以人们也支持有关它的研究，结果就是接受它变得更容易了（Kim，2014）。

Cormick 和 Ding（2005）的研究表明，消费者倾向于在以下情况下接受新技术（Gesche 和 Haslberger，2006）：

（1）由一个可靠的源头提供实践信息。

（2）它是道德的，且对环境和人无害。

（3）这项技术的规定是由政府而不是业界制定的。

（4）公众对这项技术的发展有一些有意义的投入。

（5）咨询可以解决公众所关注的主要问题，且公众的反馈需要有一定的效果。

（6）在开发应用前咨询，而不是之后。

（7）人们可以选择接受或拒绝该应用。

（8）该应用可以为消费者提供净优势。

（9）最大的受益者是人民而不是跨国公司。

超过 80% 的人表示更愿意购买便利食品（Rollin，Kennedy 和 Wills，2011）。所以，未来在纳米技术的帮助下，食用方便食品极有可能会很普遍，例如即食食品。

了解纳米技术及其好处的人数很少，女性比男性更悲观（33% vs 49%），并且消费者意识尤其低（Rollin，Kennedy 和 Wills，2011）。然而，一项新的研究结果表明，对于大多数人来说，如果纳米技术能够增强营养或提高安全性，它将成为一种大多数人适用且接受的技术（Anon，2014）。另外，作为一条预防原则，所有含纳米粒子或通过纳米技术制造的食物在获得安全批准前均不能在市面上出售（Group，2004）。

2.6 超纳米技术——微微技术和毫微技术

微微技术，一个新术语，识别原子周围电子的操纵分布以提供所需要的特性。尽管它对人类来说有巨大的潜力，就像纳米技术一样，但关于这个主题的研究很少（Alpaslan 和

Webster，2014）。另一个已经被证明未来前景广阔的是毫微技术。1 飞米等于 10^{-15} 米，纳米尺度是其百万倍（Bolonkin，2009）。

2.7 思考与展望

在工业革命之前，没有人能想象汽车、飞机和其他技术实体会在现实生活中得到应用。它们只是一个梦。然而在今天，这些都早已司空见惯。同样，纳米技术的一些潜在应用也被认为是虚构的，但在未来确实可能会成为人们生活中的一部分。当今世界有很多对纳米技术的研究都涉及两个概念：一个是可持续性，另一个是创新。当然，可持续性可能是纳米技术应用的最重要因素，因为重要的是要注意应用的技术应该对人类和环境造成可容忍或可接受的破坏。如果不是，该技术可能不会得到授权，之后人们可能会避免使用它。对于公司来说，创新是第二个重要的话题，因为消费者喜欢购买不同、有用且合适的产品，他们甚至想以准备好的、包装好的和即用的形式来消费他们的传统食物。这可能是由于世界各地越来越多的女性参与工作。其次，人们不喜欢花时间准备食物，因为现在的时间比过去更宝贵。此外，在互联网全球化和社交网络的帮助下，如今人们可能拥有比过去更多的不同群体的朋友，他们可能会将自己的时间更多地用于交际。

到 21 世纪末，农业可能被新型的纳米农药 / 防腐剂和其他重要的技术发展彻底改变，如原子工程植物。那时候，我们可以期待生活在一个更加一体化、全球化和人类受教育程度更高的世界，这可能意味着消费者和农民更容易接受这些技术。如果价格合理，这些技术将来可以广泛应用于农业系统。

在 21 世纪中期，特别是在科学家证明纳米技术对人类和环境没有不利影响之后，这些应用可以以较低的价格将水处理到最佳状态。当这些应用变得司空见惯后，尽管全球变暖对供水有不利影响，但水资源短缺可能不再是问题。

纳米技术还提高了农业应用的精度，这对农业来说是有前景和创新的。有了这些应用，农民可以直接测量并同时了解植物和土壤的状况，以及农业地区环境的一般状况，如温度、湿度、pH、植物或土壤中已使用或可用的养分和矿物质的数量等。

到 21 世纪 70 年代末，纳米技术的发展已经接近完成，基于新技术领域中微微技术的基础应用，其有望用于食品行业，与采用纳米技术相比，甚至可以获得更好的效果。也许到 2100 年时，科学家们已经能更好地理解毫微级物质的特性，这可能是人类的又一次技术革命。通过对亚原子物质的控制，黏土电子学或可编程物质可以在工业规模上成为现实。有了这项技术，顾客可以随心所欲地设计他们的食物。虽然现在看来这似乎是一个幻想，但很可能到 2150 年的时候人们在市场上可以买到使用毫微技术的商业化产品了。

由于可持续和创新发展，纳米技术可能会帮助人们摆脱全球变暖及其对现在和未来世界的危害。此外，它在遥远的将来可能会提供智能和可编程的食品，甚至是由原子设计的食品。因此，对纳米技术有害方面的研究是消费者接受它的一个重要因素。另外，道德伦理问题也很重要。例如，纳米技术不应该与任何宗教信仰起冲突。对于消费者来说，媒体是第二重要的因素。它应该分享正确和公正的知识。更重要的是，应该制定相应的法律来保护消费者，可以说这是关乎纳米技术未来发展最重要的因素之一。

纳米技术具有彻底改变农业和食品行业的潜力。然而，消费者的接受程度很重要。更重要的是，即使消费者接受纳米技术的一些应用，但要直接应用到食品中，如转基因食品，估计短时间内不会被接受。

第三章

食品熵：由能量需求引起的食品熵

→

Food entropy: Entropy of Food Due to Energy Demand

在未来，界定食品与能量之间关系的可能是熵变（$dS > 0$），$dS > 0$ 意味着从零时刻开始到最后时刻结束，熵值一直在增加。由于能量需求的增加，食品的熵也在增加。生物能源与食品之间也存在着紧密的联系。熵与食物可以组成一个新的术语——食品熵，这个新术语可以用来代替解释未来食品的长篇大论。

熵之定律，即热力学第二定律，是一种不变的法则。它是许多领域的关键术语，如经济、社会科学、热力学、人口、能源等。它也成为一个解释能量和食品之间关系的重要名词。

数百年来，能源一直是改善生活条件的主要来源。自从发现火并将其用于烹饪以来，食物与能源就有了密切的关系。直到最近，能源生产和粮食生产才成为竞争对手。从当前粮食与生物燃料生产的争论中可以明显看出，生物能源生产被视为粮食生产的主要竞争对手。此外，生物燃料的未来（它的利用趋势、技术进步等）预计将会对粮食和农业的未来产生直接影响。本章节是关于食物与生物能源的讨论，我们试图从一个新的角度来讨论这个问题。

人们普遍认为，使用化石燃料作为能源是不可持续的，因为它们会产生可以消耗臭氧的化合物，并且会导致温室气体积累而对环境有害（Ewing 和 Msangi，2009）。

在大多数情况下，食物在被食用之前需要经过一段很长的旅程，因此会导致食品价格上涨。例如，燃料价格上涨可能导致食品价格上涨，这种情况可能会降低全球粮食安全性（Edame 等，2011）。另一方面，液体形式的生物燃料很有应用前景，因为它们可以减少我们对化石燃料的使用和依赖（Demirbas，2010）。

生物能源的利用，即从生物起源的有机非化石物质中产生的能源开始（Haberl 等，2010），并不是最近的发展（Escobar 等，2009）。1980—2005 年，全球生物燃料制造量从 44 亿 L 增加至 501 亿 L（Koh 和 Ghazoul，2008）。目前，全球生物能源的产量约为 55EJ/ 年（$1EJ = 1 \times 10^{18}J$），用于生物燃料的耕地比例接近 2.5%（4000 万 hm^2），而生产生物能源的耕地面积在不同国家之间也有差异。

图 3-1 总结了生物燃料的历史演变与研究情况。该领域在较短时间内就取得了显著发展，根据预测，它在技术和应用方面将会有进一步发展。

通常，生物能源的原材料分为四类：植物油、动物脂肪、食用油以及含油微生物（Manzano-Agugliaro 等，2012）。

关于通过食物去生产生物燃料，有研究者并不赞成这种想法（Timilsina 和 Shrestha，2011），因为利用食物生产如此巨大的生物能量可能会加剧土地消耗和原材料之间的竞争，如能源生产、粮食和饲料之间的竞争（Markevicius 等，2010）。

自 2002 年以来，粮食价格以不可阻挡的趋势上涨，自 2006 年以来上涨了 60%（Ewing 和 Msangi，2009）。这其中有很多因素（Koh 和 Ghazoul，2008）；生物燃料被视为主要原因之一，因为媒体对“食物 vs 燃料”不断进行炒作（Koh 和 Ghazoul，2008）。根据 Rosegrant 的研究，从 2000 年到 2007 年，生物燃料使用量的增加导致粮食价格上涨了 30%（Ewing 和 Msangi，2009）。

在一些调查研究中，生物能源的大量生产将提高食品价格（Bryngelsson 和 Lindgren，2013）。目前，生物能源的生产是以牺牲食物为代价的，因为在当前的科学技术下，生物能源还是以食物为来源。例如，在欧洲，要用乙醇代替 5% 的汽油，大约需要 5% 的可用耕地，而在美国需要 8%。为了替代 5% 的柴油，需要美国 13% 或欧洲 15% 的耕地（Demirbas，2007）。此外，每增加 1 万亿焦耳的粮食能源需求，全球就有 18hm^2 的森林被砍伐。根据欧盟可再生能源指令的预测，由于粮食需求激增，2800~5300 万 hm^2 的森林将被砍伐（Amezaga，Bird 和 Hazelton，2013）。由此看来，对世界和人类的未来来说，从食物中生产生物能源似乎不是一个好主意，因为它不仅威胁到人类的食物来源，而且会威胁到其他生物的重要栖息地。

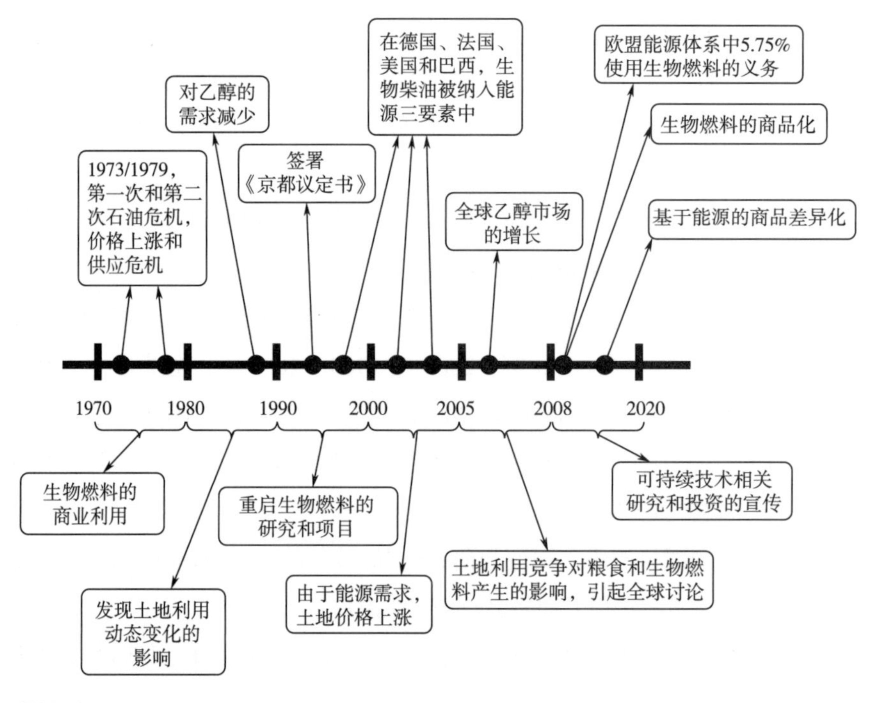

图 3-1
农业能源和生物燃料的历史演变与研究

关于生物能源的生产是否可行，已有一些研究。例如，Van Kasteren 和 Nisworo 在 2007 年提出，原油价格和资本成本是影响生物柴油价格的主要因素（71%~80%）（Yaakob 等，2013）。生物柴油商业化面临的一个严峻经济挑战是纯植物油价格的飙升，占生物柴油总生产成本的 70%~85%（de Araújo 等，2013）。以新鲜植物油为原料生产生物柴油的原料成本占总生产成本的 70%~95%（Issariyakul 和 Dalai，2014）或 85%~95%（Atapour 和 Kariminia，2011）。出于这些原因，我们应该考虑采用其他方法，如利用废弃物、藻类、第二代和第三代技术以及非食品来源生产生物柴油等。

据估计，到 2035 年，全球对能源的基本需求增幅将超过 35%。接下来的几年中，在保守、中等和高可再生场景下，可再生能源的份额将分别维持在 15%~20%、30%~45% 和 50%~95% 的范围内（Popp 等，2014）。根据这一预测，新型生物燃料将更加有利于这种情况的出现。另一方面，在未来 30 年，世界各地的石油消耗可能会继续增长。

研究表明，由于生物燃料的生产以及美国与欧盟采用的消费目标，粮食价格预计将在未来几十年内继续上涨（Ewing 和 Msangi，2009）。生物燃料技术和政策的进步可能降低生物燃料与粮食作物的竞争力，为 2050 年实现食品安全铺平道路（Keating 等，2014）。此外，生物燃料与其他来源燃料的混合可能会减少未来几年的粮食与燃料问题。这种情况也可能有助于保护环境（Timilsina 和 Shrestha，2011）。另一方面，即便有大量的政策干预，预计在未来 20 年柴油和汽油仍将是主要燃料（Murphy 等，2011）。

围绕着生物能源的未来最紧迫的不确定因素有：种植能源作物的地形的可获得性和适宜性、增产的发展和潜力、即将征用的用于粮食生产的土地、未来保护区域的环境目标（例如生物多样性）、水的供应和气候的变化。研究者试图通过研究未来的食品和生物能源生产来弄清这些不确定因素（Haberl 等，2010）。

通过其他技术也可获得生物燃料，如以糖为底物的发酵，将乙醇转化为混合烃的催化技术，纤维素的水解，生物丁醇发酵，天然油脂的酯交换生产生物柴油，天然油脂的加氢裂化，以及各种生物材料的热解和汽化（Nigam 和 Singh，2011）。但是，这些技术超出了本书的内容范围，关于这些技术的详细信息读者可以自行阅读一些文献（Carroll 和 Somerville，2009；Qureshi 和 Ezeji，2008；Meher，Sagar 和 Naik，2006；Encinar，2002；Du，2011）。

3.1 食品和生物能源之间的关系

农民可能会选择将他们种植的作物转化为生物能源以获得更多的收入，但这种情况下，粮食产量可能会下降（Kumar 等，2009）。生物能源和粮食之间的关系基于经济因素（如贸易和价格）、农业技术（如作物产量）、需求变化（如饮食、人口数量）以及全球土地利用的模式和轨迹（Haberl 等，2011）。截至 2008 年 6 月的两年间，全球生物能源产量的增长导致玉米价格上涨 17%，大豆价格上涨 14%（Baier 等，2009）。此外，生物燃料生产的增加导致大麦价格上涨了约 3%（Timilsina 和 Shrestha，2011），有研究者发现食品价格与生物能源之间关系的剖析存在巨大差异（Ciaian，2011），例如，美国农业部的数据为 3%，世界银行的数据为 75%（Bryngelsson 和 Lindgren，2013）。

事实上，利用农作物生产生物能源预计也会提高原料价格，因为原料需求的上升对应着边际成本的上升（Ajanovic，2011）。至于这些因素对食品价格的影响有多大，仍存在一些不确定因素，预计在 0~75%。此外，尽管 2008 年和 2009 年全球生物燃料产量没有减少，但许多基础食品的价格仍大幅下降。这一情况表明，生物燃料的生产并不是食品价格上涨的主要原因（Sims 等，2010）。在可预见的未来，由于生物燃料竞争导致的价格上涨，可能不会成为新一代生物燃料生产所关心的问题。例如，使用农业残渣和废弃物代替原材料，可能会缓和关于食品与生物燃料的争论（Nigam 和 Singh，2011）。随着第二代生物燃料的普及，食品与燃料的争论将成为过去（Ajanovic，2011）。此外，我们相信第三代生物燃料生产技术，也被称为藻类生物燃料，将最终解决食品与生物燃料之间的问题（Demibras，2011）。

3.2 第一代生物燃料

第一代生物燃料被定义为以植物的糖或淀粉作为原料，用于生产乙醇，或使用油籽作物生产生物柴油（Timilsina 和 Shrestha，2011）。目前所生产出的所有生物燃料，被称为第一代生物燃料（van Eijck，Batidzirai 和 Faaij，2014），每年将近 500 亿 L（Naik 等，2010）。

第一代生物燃料的未来仍然值得怀疑，因为它会导致与食品供应链的冲突（Nigam 和 Singh，2011）。另外，这种冲突导致其生产成本也很高。一些科学家认为，由食品生产的生物能源产量的迅速增加导致了某些作物和食品价格的上涨。这些因素为开发非食用生物质的生物燃料生产技术提供了基础（Nigam 和 Singh，2011）。

3.3 其他生物燃料技术

生物燃料根据其生产技术可以分为第一代、第二代、第三代和第四代，以及纳米生物燃料技术。在这一部分，我们主要讨论第二代、第三代和第四代生物燃料和纳米生物燃料技术。

第二代生物燃料是一种以木质纤维素生物质为原料所生产的生物燃料（Antizar-Ladislao 和 Turrion-Gomez，2008）。第三代生物燃料是利用藻类生产的生物燃料（Demibras，2011）。第四代藻类生物燃料（或光合生物燃料）是一个新概念。在未来，预计将使用代谢工程等新技术获得生物燃料（Daroch，Geng 和 Wang，2013）。

新型能源作物可能会增加生产的燃料产量，减少用水量和对农业化学品的依赖。它们不会对森林或者食品安全造成损害（Sims 等，2010）。因此可以种植多种植物，包括木质纤维素类植物（如杨树、柳树和桉树）、草本木质纤维素植物（如柳枝稷、芒草）和油料作物（如麻风树）（Haberl 等，2010）。

此外，生物技术有可能决定生物燃料在未来的作用。植物基因组学的发展意味着更高产量的能源作物和更低的土地和能源需求。并且，在基因工程的助力下，能源作物可能更能抵抗病虫害和非生物胁迫（例如干旱）。此外，专用生物燃料作物可能具有较短的生长周期和较低的木质素含量，甚至在作物生物质本身中含有纤维素，可提高纤维素乙醇的生产效率（Koh 和 Ghazoul，2008）。另外，昆虫将来也可以用来生产生物能源。

3.4 第二代生物燃料技术

以木质纤维素为原料生产生物燃料的技术称为第二代生物燃料技术（Glithero，Wilson 和 Ramsden，2013），是为了应对粮食与燃料冲突而出现的（Zabaniotou 等，2014）。第二代生物燃料能够同时生产粮食和燃料，并且不中断粮食生产，除非非粮作物是首选的生物能源来源。第二代生物燃料技术的另一个优势是所使用的原材料，例如纤维素生物质，是地球上最丰富的原料（Timilsina 和 Shrestha，2011）。第二代生物燃料在提供能源安全方面看起来很有前景，然而，并非完全没有缺点。例如，尽管纤维素原料的价格比第一代原料更合理，但它的生产成本更昂贵（Timilsina 和 Shrestha，2011）。此外，要生产第二代生物燃料，需要更先进、更复杂的加工步骤和设备，需要更多的单位去生产投资，并且还需要解决一些其他困难（Nigam 和 Singh，2011）。正是由于这种创新技术的生产成本高得令人望而却步，因此目前无法获得使用第二代技术生产的生物燃料（Escobar 等，2009）。

虽然在克服与第二代生物燃料有关的技术和经济困难方面可以取得重大进展，但生产这种燃料仍然存在很大的局限性。例如，如何为商业化工厂配置具有竞争力的全年供应生物质原料的物流工作就是一项挑战（Sims 等，2010）。因此，人们认为，如果石油价格不能永久性地降低到每桶 100 美元以下，第二代生物燃料的商业化在不久的将来是不可能实现的（Timilsina 和 Shrestha，2011）。到 2030 年，它可能会出现在市场上，但对生物燃料的总补充量只有很小的贡献（Markevicius 等，2010）。另一方面，原料的特性具有降低能源成本的潜力，并为大多数第二代生物燃料赋予环保的性能（Nigam 和 Singh，2011）。

3.5 第三代生物燃料技术

第三代生物燃料是利用微藻生产的（Brennan 和 Owende，2010）。藻类是一种简单的生物，主要是水生的和微观的。微藻是生活在盐水或淡水环境中的单细胞光合微生物，能将阳光、水和二氧化碳转化为藻类生物量（Demirbas，2011；Demirbas，2010）。主要有两种藻类：丝状藻类和浮游植物藻类（Demirbas，2011）。大多数微藻含有丰富的油脂，它们主要分为四类：硅藻、绿藻、蓝藻和金藻，微藻的最佳生长温度是 20~30 ℃（Chisti，2008）。

利用微藻生产燃料是一种传统的观念，但最近它作为一种可持续的能源替代品重新引起了人们的关注（Demirbas，2011）。对它的研究始于 20 世纪 80 年代中期（Demirbas，2010）。利用藻类获得生物柴油是有潜力的（Scott 等，2010），主要是因为：（1）藻类的产量比农作物高得多；（2）一些品种能够收集大量的甘油三酯，这是生物柴油生产的主要原料；（3）肥沃的土地不是获得生物质的必要条件。

用于藻类培养的工业反应器有三种类型：开放式池塘、光生物反应器和封闭系统（Demirbas，2010）。利用微藻生产大量生物燃料的最经济实惠的方法是循环池（Rosenberg 等，2008）。以微藻为原料制备生物柴油的步骤见 Gallagher（2011），影响藻类生产的因素也有所报道（Park，Craggs 和 Shilton，2011）。

目前，生物燃料主要来源于中试规模的藻类，预计在未来几十年里，它的完全市场化生产可能会实现（Blaas 和 Kroeze，2014）。据估计，每年可生产 500 万千克藻类生物质，市场价值约为每千克 330 美元（Rosenberg 等，2008）。有人认为，为了降低小规模和大规模生产微藻的成本，还需要多加努力（Mata，Martins 和 Caetano，2010），这可以通过廉价的二氧化碳源（烟道气）、营养丰富的废水、廉价的肥料、低成本且具有自动化过程控制的培养系统、温室和提高藻类产量的加热废水来实现（Nigam 和 Singh，2011）。

与其他生物能源生产系统相比，微藻系统有许多优点。例如，微藻的产量是大豆和油菜的 20 倍以上（Park，Craggs 和 Shilton，2011），是次优作物棕榈油产量的 7~31 倍。事实上，微藻在指数生长过程中的生物量倍增时间可缩短至 3.5 小时，明显快于油料作物的倍增时间（Chisti，2008）。

虽然藻类生物质获得的生物燃料有许多优点，但也有一些缺点。它的生产成本需要降低近 10 倍，才能与每桶 100 美元的原油价格相匹配（Park，Craggs 和 hilton，2011）。其实现大规模生产所面临的其他挑战包括营养供应和循环、气体转移和交换、光合有效辐射（PAR）输送、培养的完整性、环境控制、土地和水的可用性以及收获方式（Christenson 和 Sims，2011）。

3.6 第四代生物燃料技术（微藻工程）

众所周知，自 20 世纪 90 年代以来，基因工程和代谢工程技术对微藻柴油的生产经济性产生了极大的影响（Chisti，2008）。通过这些技术，微藻的天然功能的性能得到了提高（Rosenberg 等,2008）。目前,基因工程的发展极大地促进了许多光合生物的代谢工程的发展。藻类生物的代谢工程为第四代生物燃料生产技术奠定了基础。它利用重组 DNA 和其他生物技术来提高生物燃料生产（Lü，Sheahan 和 Fu，2011）。第四代生物燃料生产技术可能以细胞最终产物的释放为基础（Lü，Sheahan 和 Fu，2011）。

在转基因藻类的帮助下，生物柴油的产量很可能会显著增加，这些藻类要么不受光抑制，要么具有更高的光抑制阈值（Chisti，2008）。硅藻，一种富含硅的微藻类，以及原核的蓝藻都为代谢工程和生物技术提供了巨大的机遇（Rosenberg 等，2008）。在未来，微藻生产生物燃料所面临的挑战可通过基因工程技术来解决（Christenson 和 Sims，2011）。在图 3-2 中，简要介绍了从第一代到第四代生物燃料的生产步骤。

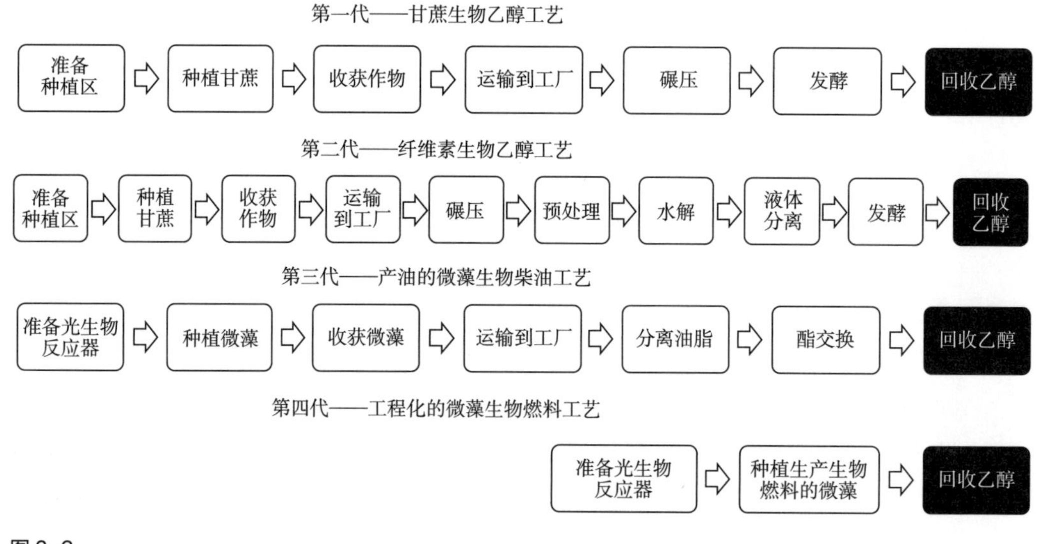

图 3-2
使用不同的生产技术（从第一代到第四代技术）生产生物燃料的步骤（Lü 、Sheahan 和 Fu，2011）

3.7 纳米工程藻类生物燃料和纳米生物燃料技术

纳米技术是研究 0.1~100nm 的极微小结构（Nikalje，2015）。纳米技术正在对许多行业产生越来越大的影响（Kramb，2011）。有研究表明，在燃料、水和表面活性剂中使用纳米结构将在相同的燃料消耗下获得更高的效率（Wulff 等，2009；Trindade，2011）。研究者也分析了纳米技术对提高生物能源效率的作用（Malik 和 Sangwan，2012）。虽然纳米技术为生物能源工业提供了巨大的潜力，但它的工业应用要么还不够发达，要么还没有达到成本效益（Kramb，2011）。

生物技术与纳米技术的跨学科结合是一个很有前途的机遇，为提高生物柴油生产的数量和效率打开了大门。重复使用稳定高效的纳米生物催化系统可以大大提高生物柴油在未来的经济可行性（Verma，Barrow 和 Puri，2013）。通过纳米技术，可显著降低能源生产、储存和利用的不良影响（Serrano，Rus 和 García-Martínez，2009）。同时，纳米技术具有的独特性质也可使生物能源工业受益。例如，未来在纳米技术和生物技术的帮助下，智能能源电池可以根据工艺条件进行不断的优化，从而在生产线上获得最佳性能，生产出性能好的生物燃料。

3.8 昆虫在生物能源生产中的潜力

昆虫的数量众多且无处不在（MacGavin，1997）。科学家们最近注意到，由于它们的脂肪含量丰富，因此是生产生物能源的宝贵资源（Li 等，2011）。以昆虫为原料生产的生物柴油不会与土地或食物竞争（Li 等，2011），也不需要像微藻一样需要大片水域（Manzano-Agugliaro 等，2012）。由于昆虫的作用通常是授粉和生物控制，因此很难估算大规模昆虫生产生物燃料的成本。直到今天,利用昆虫生产生物柴油仍处在试验阶段(Manzano-Agugliaro 等，2012）。黑水虻（双翅目，水虻科）的幼虫作为一个具有巨大生物柴油生产潜力的昆虫物种，可能比其他种类的幼虫更胜一筹（Manzano-Agugliaro 等，2012）。

3.9 用于生物能源生产的植物新品种

含油作物，如沙漠葡萄籽、蓖麻、棉籽、茶、麻风树、卡兰贾树种子、亚麻籽、穆胡亚、金香木、印度楝、橡胶种子和零陵香豆；产低成本食用油植物，如刺菜蓟、埃塞俄比亚芥菜、亚麻荠和油莎豆。在这一部分，我们仅介绍可以生产生物能源且具有潜力的一些植物。

3.9.1 麻风树

利用不同材料和非食品原料生产生物能源日益成为一个重要机遇（Markevicius 等，2010）。其中最重要的非粮食作物之一是麻风树。目前，许多国家已经开始大规模种植麻风树（Parawira，2010）。中国为了种植麻风树和其他非食品能源植物，专门划分了一块与英格兰面积一样大的区域。印度、南美洲和非洲也有类似的通过各种非食品作物生产生物能源的项目。

麻风树属名 *Jatropha* 源自希腊语“giatros（医生）”和“trophe（食物）”，这意味着麻风树具有药用性（Pandey 等，2012）。它属于大戟科，在热带和亚热带气候下生长（Berchmans 和 Hirata，2008）。该植物原产于中美洲、巴西、玻利维亚、秘鲁、阿根廷和巴拉圭，是一种小乔木或大灌木，高达 5~7 米，木质柔软，预期寿命长达 50 年（Achten 等，2008）。麻风树是一种生长旺盛的耐干旱和耐虫害植物，对动物来说是难以下口的（Pandey 等，2012）。它很容易种植，因为生长速度相对较快（Openshaw，2000）。

麻风树是一种很有开发前景的植物，因为它具有抵抗温室效应的潜力，它还可以为农村贫困人口提供额外收入。总之，它可能是未来可再生能源的主要来源之一（Parawira，2010）。尽管麻风树如上所述具有诸多优点，但它也有一些缺点，如产量低、含油量少、经济效益差、抗病性差等；此外它可能还会导致土壤中的一些养分流失，对生态系统造成不利影响。如果在世界各地大规模种植麻风树，很有可能造成生物多样性丧失（Pandey 等，2012）。

3.9.2 大叶醉鱼草

在分类学上，虽然根据一些特性应该将大叶醉鱼草归为一个单独的科，但它通常被归于马钱科（Loganiaceae）。在民间医学中醉鱼草属被广泛应用（Houghton，1985）。大叶醉鱼草在中国是一种常见植物（Chen 等，2011），它也已经适应了世界不同地区，包括美国和欧洲的部分地区（Hallac 等，2009）。此外，因为它的花朵色彩绚丽和香味浓郁，所以美国、欧洲和新西兰将其引入为观赏植物（Chen 等，2014）。由于它具有一些独特的农业能源特性，在生产乙醇方面很有应用前景（Hallac，Pu 和 Ragauskas，2010）。它与生产生物燃料有关的特性有:（1）可以在不同的条件和环境下生长;（2）既不能用作食品也不能用作纤维;（3）是一种多年生植物;（4）生长规模很小。除了上述优点之外，它也有一些缺点，例如其木质素和半纤维素的含量相对较高，纤维素含量低而纤维素结晶度指数高（Hallac 等，2009）。这些都是不适合用作生物能源作物的特性，但随着技术的发展和进步，在未来这些可能都不会成为问题。

3.9.3 扁桃油

扁桃树（*Prunus dulcis*）是全球分布较广的坚果树，也是坚果产量较高的树。在气候类似于地中海的地区，有大量的扁桃仁出产（Abu-Hamdeh 和 Alnefaie，2015a）。据估计，2011 年全球扁桃仁产量是 200 万 t（Önal，Uzun 和 Pütün，2014）。多年来，扁桃油一直很受欢迎，可用于化妆品和医药领域（Özcan 等，2011）。扁桃有两个主要品种：苦扁桃（*Prunus dulcis* var. *amara*）和甜扁桃（*Prunus dulcis* var. *dulcis*）（Agunbiade 和 Olanlokun，2006）。

通过比较柴油和生物柴油标准，苦扁桃油的性质更适合生产生物柴油（Atapour 和 Kariminia，2011）。此外，与用棕榈油生产的生物柴油相比，扁桃油混合燃料可能是柴油发动机的有效替代燃料（Abu-Hamdeh 和 Alnefaie，2015a）。因此，应研究其作为生物柴油来源的性质以及适宜的工艺条件。一般来说，使用扁桃油混合制成的生物柴油来驱动柴油发动机是可行的，但还需要更多的研究（Abu-Hamdeh 和 Alnefaie，2015b）。

3.9.4 不同来源的生物燃料

可以用来生产生物能源的还有许多其他资源，在这一部分中，我们简要概述它们在生产生物能源方面的潜在用途。

茶叶废料（茶树 *Camellia sinensis*）有潜力作为经济实惠的生物燃料来源。它是产环保碳氢燃料气体的一种极佳资源（Mahmood 和 Hussain，2010）。柳枝稷（*Panicum virgatum*）是一种能源作物，可以在不同的生长条件下提供相当数量的生物量。然而，为了降低饲料成本，我们有必要对柳枝稷的基因进行改良（Nigam 和 Singh，2011）。

来自生物废料中的生物能源具有巨大的潜力。农业、林业和城市废物都可通过生物能源加以利用，这可以产生更大的价值（Koh 和 Ghazoul，2008）。

一些废弃食用油（WCO）已被用于生产生物柴油，如葵花籽油、棕榈油、大豆油和橄榄油（Yaakob 等，2013）。WCO 的成本是新鲜植物油的 1/3~1/2，大大降低了总生产成本（De Araújo 等，2013）。此外，从 WCO 生产生物柴油的尖端技术比从化石燃料生产生物柴油更有价值，如何进一步提高从 WCO 中获得的生物柴油的质量和产量，这方面的研究正在进行（Yaakob 等，2013）。由于 WCO 的低成本和普遍可得性，预计在未来，它将比其他食用油和非食用油在生物柴油的生产中更加重要（Yaakob 等，2013）。

3.10 生物能源生产的未来预测

据估计，全球生物燃料贸易将会增加（Markeviacius 等，2010）。在短期内，贸易预计将包括传统生物燃料和原料，但木质纤维素原料贸易预计将快速增长（Popp 等，2014）。第二代和第三代生物燃料的生产有可能在未来几十年实现商业化（Escobar 等，2009）。至少在中短期内，生物燃料行业的发展预计将稳步增长（Sims 等，2010）。

2007 年 Johnston 和 Holloway 发现，马来西亚和印度尼西亚拥有全球最高的生物柴油总生产潜力以及最低的平均生产成本（Timilsina 和 Shrestha，2011）。因此，未来这两个国家有可能成为世界上最大的生物能源经济体之一。图 3-3 给出了生物燃料工业的预期发展。在未来，气候变化和政策会影响生物燃料的生产，这在本书中没有提及，但这两个主题应该分开研究，以便更好地阐述生物能源的未来，因为它们扮演了重要的角色。

2010—2020年
利用传统作物生产的第一代生物燃料占主导地位
第一代生物燃料作物促进了粮食作物农业和基础设施的发展
最初的第二代和第一加第二代加工和技术开发
生物燃料基础设施的发展
可持续发展的认知和政策的发展

2020—2030年
第一代生物燃料仍然是重要的，第一代工厂升级
开发森林生物炼油厂
生物“废料”越来越多地用于生物燃料
一些第一代生物燃料作物转变为第二代粮食/饲料

2030—2040年
第二代生物燃料占主导地位
来自大多数可持续作物的第一代生物燃料仍然很重要
在这一时期，发展第三代生物燃料的生产
所有可持续性较差的第一代农作物可作为食品/饲料使用

2040—2050年
第二代和第三代生物燃料有望在全球广泛使用
第一代生物燃料生产仅限于具有高可持续性的特定作物和作为第二代生物能源残留物利用
生物燃料可广泛用于铁路和海路运输

图 3-3
2010—2050 年生物燃料的预期进展（Murphy 等，2011）

3.11 未来生物能源的产量

1995 年全球对生物能源的需求为 4.4EJ,2005 年为 7.8 EJ（Lotze-Campen 等,2010）。目前,生物燃料有固体、液体和气体三种形式,来源于第一代（农作物）以及第二代和第三代（废料和残渣）的生物燃料就有近 46EJ/ 年（Erb，Haberl 和 Plutzar，2012）。关于未来生物能源的生产和消费还有很多设想。

根据国际能源署（IEA）提出的基准情景，到 2030 年，全球初级能源需求将增长 45%（Murphy 等，2011）。2030 年的生物能源需求可能约占欧盟成员国最初预计能源需求的 15%~16%（Popp 等，2014）。根据国际能源署提供的数据预测，到 2030 年，交通运输业的

生物燃料使用率将从目前的 1% 上升至接近 7%。此外，据联合国政府间气候变化专门委员会（IPCC）预测，2030 年交通运输部门的生物燃料需求将是基于初级生物质的 45~85EJ，或基于燃料的 30~50EJ（Escobar 等，2009）。根据一项预测，生物燃料消费增长最快的将是美国、欧洲、亚洲和巴西，其他地区的生物燃料消费增长将是适度的（Escobar 等，2009）。2010—2035 年，生物燃料的使用量预计将增加两倍以上（Ellabban，Abu-Rub 和 Blaabjerg，2014）。世界生物能源需求可能在 2035 年达到 36.2EJ，在 2045 年达到 59.9 EJ（Lotze-Campen 等，2010）。

国际能源署在其基准情景中对目前至 2050 年的世界初级能源需求进行了评估（Murphy 等，2011）。预计到 2050 年，全球初级能源需求将在 600~1000EJ/ 年，而 2008 年约为 500EJ/ 年（Popp 等，2014）。此外，有研究者分析了一些关于未来生物能源的潜在用途，他们认为，生物质作为一种能源的潜力在 0~1500EJ。同时进行的一项敏感度分析调查表明，将考虑到水资源限制、生物多样性保护和食物需求，到 2050 年，范围缩小到 200~500EJ/ 年（Dornburg 等，2010）。IPCC 最近的一份关于可再生能源的特别报告表明，这一数值在 50~500EJ/ 年。

关于到 2050 年生物能源生产和消费的其他预测如下所述。生物能源产量可能高达 250EJ/ 年（Popp 等，2014）；又有研究者预计这一数据是 125~760EJ（Escobar 等，2014）；所有与运输相关的柴油使用和生产量为 379 千克 / 年，而所有与运输相关的生物质藻类使用和生产量为 947 千克 / 年（Blaas 和 Kroeze，2014）。最近对潜在的全球生物能源供应的其他计算结果从不到 100EJ/ 年到 2050 年超过 400EJ/ 年（Lotze-Campen 等，2010）。此外，有科学家建议，到 2050 年，可通过种植多达 3600 万平方千米（约占全球陆地面积的 27%，不包括南极洲和格陵兰岛）的能源作物，来生产出高达 1272EJ/ 年的生物能源。然而，当所有碳排放（包括土地利用变化造成的碳排放）都受到限制时，2050 年的生物能源供应量要低得多（低于 40EJ/ 年）（Erb，Haberl 和 Plutzar，2012）。此外，考虑到可持续性标准，2050 年全球初级生物能源技术的生产量为 160~270EJ/ 年（Haberl 等，2010）。在没有气候变化的情况下，2050 年全球初级生物能源产量总计为 104.7 EJ/ 年（Haberl 等，2011）。生物能源的生产量和消费量的差距如此之大和结果的不同，是由于计算方法和对作物产量假设的差异，以及对土地可用性的不同考虑导致的（Popp 等，2014）。

有人认为，目前关于最高产量的预测是不合理的，因为：（1）由于对限制因素（例如食物、饲料）考虑不足，而高估了分配给生物能源的作物的适当面积；（2）将基于样地的研究外推到大面积、生产力较低的地区而导致产量预期过高（Haberl 等，2010）。

3.12 2050 年以后

由于生物能源价格不断上涨，对土地可用性的限制预计将导致生物燃料的使用在 2055 年大幅减少，约为 70EJ（Popp 等，2014）。有研究者认为，到 2055 年，生物能源的需求可能会达到 100EJ 左右（Lotze-Campen 等，2010）。另一方面，如果考虑到森林砍伐，预计 2095 年对生物能源的需求将上升到约 300EJ，在森林完全被保护的情况下，2095 年将上升到 270EJ。在其他能源情景下，预计 2100 年生物能源的使用量将在 150~400EJ（Popp 等，2014）。

3.13 生物能源的未来经济

税前柴油价格在美国约为 0.18 美元 /L，在一些欧洲国家为 0.20~0.24 美元 /L。因此，目前生物柴油在经济上是不可行的，应该对其在日常生活中的用途进行更多的研究和技术开发（Demirbas，2007）。此外，生物柴油生产过程中产生的副产品和废弃物会对环境造成一定影响。因此，要在降低生物能源生产成本和使其对环境友好的技术上多进行研究，使其更环保。另一方面，关于生物燃料的未来价格有很多预测。例如，根据国际能源署的数据，2005—2030 年，随着原料成本的下降，美国和欧盟的生物柴油生产成本可能会下降 30% 以上（Timilsina 和 Shrestha，2011）。此外，由油籽或动物脂肪制成的生物柴油的预期成本将在 0.30~0.69 美元 /L 波动。粗略估计，从植物油和废油脂获得的生物柴油成本可能分别为 0.54~0.62 美元 /L 和 0.34~0.42 美元 /L（Demirbas，2007）。对未来生物燃料价格的其他预测是，它将在每升 0.25~0.35 美元变化。如果这种情况得以实现，那么到 2050 年，生物燃料的价格将远低于 70 美元 / 桶（Sims 等，2010）。

3.14 未来生物能源种植的必要区域

土地利用是指为实现经济效益而对土地资源进行的管理，包括耕作、维护和收获以及保护措施（Popp 等，2014）。土地的使用方法对粮食安全和生物能源生产都至关重要。也就是说，要用生物燃料取代 5% 的汽油，欧盟将需要大约 5% 的耕地，而美国将需要 8% 的耕地（Escobar 等，2009）。

由于目前和未来生物燃料的使用迅速增加（Rathmann，Szklo 和 Schaeffer，2010），新的可用耕地是满足生物燃料需求的必要条件。自 20 世纪 70 年代以来，人们就一直在讨论能源和粮食在土地利用方面可能存在的竞争（Rathmann，Szklo 和 Schaeffer，2010）。另一方面，一些科学家预测，在土地利用方面，生物能源和粮食储备之间不会存在竞争，这一观点背后的原因如下（Rathmann，Szklot 和 Schaeffer，2010）：（1）纤维素乙醇（包括作物残渣和废弃物）使用方面的创新进展；（2）提高农业生产率；（3）除了欧洲，边际土地的使用；（4）由于欧洲国家的农业政策迫使农民保留休耕土地，因此存在可用于合并的土地；（5）只合并牧场。

此外，有人认为，原料和生物能源之间的竞争可能是有限的，因为用于高级生物燃料的作物将在可耕地之外种植，大约 1 亿 hm^2 土地就足以在 2050 年实现生物燃料在世界交通运输燃料中的目标份额（Popp 等，2014）。

生物燃料生产所需的面积预计范围很广，当然这也并不明确（Murphy 等，2011）。假设生物燃料完全来自于传统作物，世界上用于种植生物燃料的可耕地份额估计将从目前的 1% 增加到 2030 年参考设想中的 2.5% 和替代政策设想中的 3.8%（Ajanovic，2011）。生物能源作物的预计面积为 60 万 ~3700 万 km^2；也就是说，除格陵兰岛和南极洲外，占地球土地的 0.4%~28%。在最近的文献中，2050 年最大的生物能源种植面积将比目前用于耕地的面积大 2.4 倍，或几乎等于目前人类使用的森林面积（Haberl 等，2010）。有研究认为，如果尽可能地将最适宜的放牧地区集中到一起，2050 年可提供 230 万 ~990 万 km^2 的生物能源作物种植面积（Erb 等，2009；Haberl 等，2010）。此外，在最积极的设想下，到 2050 年在运输中实现温室气体减排，还需要增加 1 亿 ~6.5 亿 hm^2 的种植面积才能满足需求（Murphy 等，2011）。

3.15 思考与展望

自古以来，能源和食品一直是人类生活最重要的两大主题。直到 20 世纪 70 年代，人类一直在利用能源获取食品。关于食物和生物能源的关系也已经有了很多争论和研究。由于全球变暖和世界许多地区的饥荒等重要因素，人们已经认识到可持续性能源的重要性。由于这些原因，科学家们现在正试图从食物和原料以外的资源中获取生物能源。这样看来，第二代、第三代和第四代生物燃料很有前景。它们对食品没有影响，但有些可能会使用同样适合生产食品的土地。在本章中，我们虽然没有讨论气候变化及其对生物燃料工业的影响，但它应该是一个关键因素，可以对这个主题进行单独和全面的详细研究。

此外，政策是决定生物能源行业未来的第二重要因素。保障能源安全是大多数国家最关键的问题之一。生物能源将被视为立法的一个基本要点，它是一种可持续的本地能源。此外，应正确告知农民和消费者有关该主题的信息，因为他们的偏好将决定生物能源行业的未来。媒体也将对生物能源行业的未来发挥关键作用，他们应该为公众发布客观准确的信息，因为这对人们的选择有重大影响。除了食物来源之外，还可以从许多资源中获得生物能源。此外，纳米技术、生物技术等新技术的不断发展使得其前景更加广阔；例如，经过原子处理的藻类原料或藻类细胞，将不需要任何土地、水或其他不可持续的物质来生产生物能源。此外，原子工程材料可以提供优异的性能，例如更高的转化率和更多的单位能量；也就是说，能源的生产效率更高。由于这些原因，关于食品与生物能源的争论在未来可能会成为一个过时的问题。

第四章
食品在全球变暖影响下的未来

→

The Future of Food under Global Warming

在19世纪工业革命时期，人类的行为不仅威胁到自身的生存，也开始威胁到其他生物的生存。在这个时期，温室气体排放开始增加，这种情况造成的问题目前被称为全球变暖。而受全球变暖威胁最大的两个行业是食品行业和农业，因为这两个行业的原材料获取成本直接取决于气候条件的好坏。迄今为止，饥饿一直是人类面临的一个关键问题，随着全球变暖带来的负面影响越来越严重，未来可能会出现更为紧迫的食品问题。

目前的迹象表明，人类的自然活动可能会直接导致人类覆灭。根据第四届IPCC的报告，全球变暖是人类活动的直接结果（Escobar等，2009），气候变化是在地球上平均天气预测模式下，在一段相当长的时间内发生的长期性重大变化。在正常情况下，这些类型的变化可能会持续很长的时间，比如十年、一百年或者一亿年，但不幸的是，工业化、城市化、森林砍伐、农业和土地使用模式的变化等都在加剧这种变化，使得大气中温室气体（GHG）的排放比例增加，也导致了气候变化速度迅速加快。根据IPCC报道，与农业相关的活动所排放的温室气体约占全球温室气体排放量的14%（Anon，2009），其中主要温室气体为CO_2，CH_4，N_2O，HFC，PFC和SF_6（Pulselli，2008）。

但遗憾的是，直到今天，全球的粮食安全也无从谈起。这有很多原因，其中一个最重要的原因是全球变暖。气候变化将对粮食安全的四个关键方面——可用性、稳定性、可及性和利用率产生一些重要影响（Edame等，2011）。热带作物、牲畜和渔业受当前气候变化的影响最大（Vermeulen，2014）。根据预测，由于全球变暖和气候变化，一些靠近赤道的国家会出现粮食减产（Hanjra和Qureshi，2010）。

图4-1给出了全球变暖与食品安全之间的关系。美国国防大学于1978年开始研究评估全球变暖对粮食生产系统的潜在影响，20世纪80年代，科学家们研究了全球变暖对植物生产的直接影响。在20世纪90年代，科学家们还对全球变暖对牲畜的潜在影响进行了其他研究。在20世纪80年代末期和20世纪90年代初期，区域经济研究开始评估农民如何应对气候变化，到2000年时开始研究包括气候变化对农业影响的全球视角以及地方和国际层面的适应性反应。最近的研究推动了在全球层面上详细调查全球变暖对农业的影响（Anon，2015b）。

到2030年一个预期是，CO_2浓度将比工业化前翻一番，其他温室气体的浓度也将大幅增加（Pimentel等，1992）。目前温度每十年增加0.2℃或更多。因此在21世纪末，全球气温将上升2.4~5.4℃（F. Gray，2014）。根据RCP 6.0排放设想，到2100年温度将上升1.4~3.1℃，这与2014年Gray的预测相吻合（Mendelsohn，2014）。而另一个预测是，22世纪的温度可能上升1.1~6.4℃（WWF，2009）。

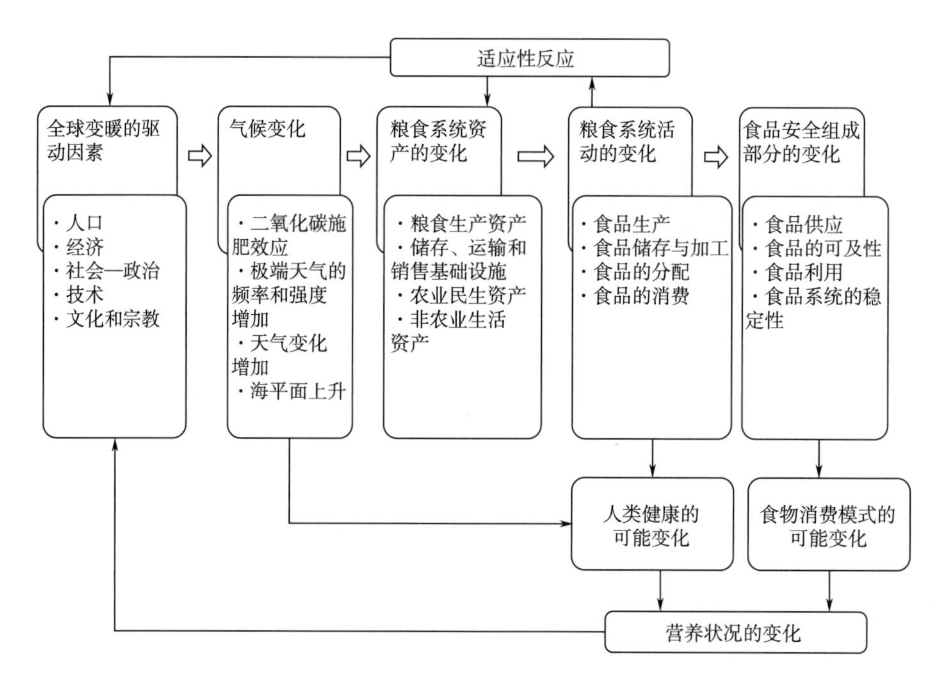

图4-1
全球变暖与食品安全之间的关系（WWF，2009）

全球范围内的温度上升似乎并不是一个重要的课题，但2007年IPCC指出，到21世纪末，全球变暖和温度上升可能会造成生物多样性的严重损失。如果全球平均温度再增加1.5~2.5℃，那么估计20%~30%的已知动植物物种将面临灭绝的威胁，这是因为温度的变化能够改变全球气候条件（WWF，2009）。

未来关于生物多样性的一个更可怕的设想是，在世界大部分地区，外来入侵的物种数量会逐步增加。这些物种可能会威胁到农业生产，因为它们通常有更快的繁殖速度，以及对某些气候变化有更强的适应性，如温度和CO_2浓度的增加（ICRIER，2012；Johkan等，2011）。这可能会完全改变未来的食品生产和消费习惯。例如温度的上升可能导致更高的呼吸速率，使种子形成期缩短，从而降低生物量产量（Adams等，1998；DaMatta等，2010）。图4-2显示了零、低、中、高不同排放情景的影响，根据该图可以看出升温0.5~7.2℃的变化。然而温度仅仅增加0.5℃几乎是不可能的，因为在今天零排放是不可能实现的。

全球变暖可能是海平面上升的原因，而海平面上升又导致了许多其他问题，包括恶劣天气、风暴、洪水、飓风、干旱与火灾增加的频率和强度以及贫困、营养不良等一系列健康问题和对社会经济的不良影响（Edame等，2011）。洪水和干旱是极端天气事件，可能导致土壤、农田、水、食物和动物饲料受到来自污水、农业和工业环境的病原体、化学品和其他有害物质的污染（Tirado 等，2010）。有观点认为，如果大气中的 CO_2 浓度不增加四倍，极端事件的频率就不会改变（De Marsily，2007）。

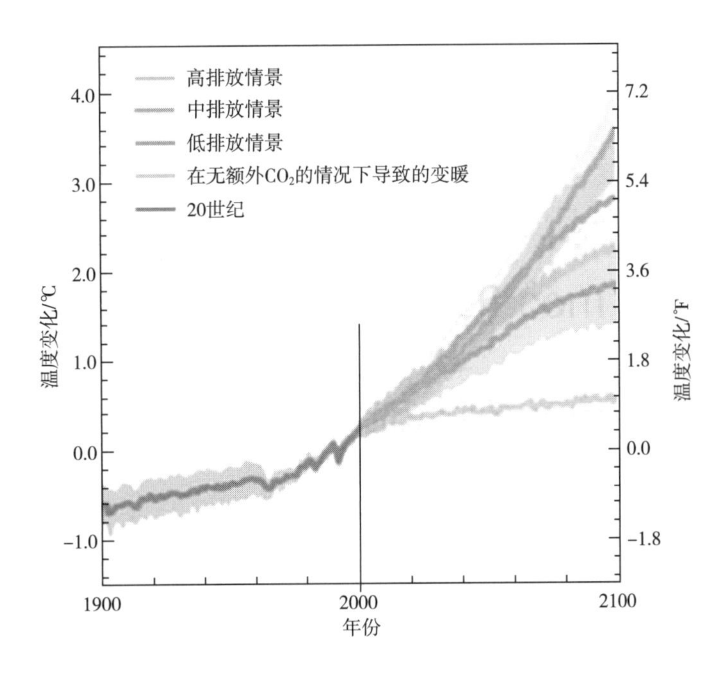

图 4-2
各种类型排放情景下的温度上升（Mahato，2014）

预计气候变化将影响大多数农业生产及其相关产业，例如畜牧生产、产业平衡、输入供应和农业系统的其他组成部分。气候变化还可以改变各种作物和牲畜害虫的类型、频率和强度、灌溉水供应的可用性和时间以及土壤侵蚀的严重程度（Adams 等，1998）。

水是农业的重要推动力，因此水资源的短缺将影响粮食安全。灌溉农业区仅占全球农业用地的 19%，但提供了全球 40% 的粮食产量。由于世界上 80% 的水用于灌溉农业生产（Hanjra 和 Qureshi，2010），而世界各地缺乏供水系统可能会导致未来 100 年农业粮食产量下降（Fraser 等，2013）。此外，在洪水易发地区，通过水传播的疾病发病率增加，对气候敏感的病虫害媒介的变化以及未知疾病的出现都可能影响食物链和人们从食物中摄取必要营养的生理能力（Edame 等，2011）。

尽管许多迹象表明人类的未来并不美好，但情况可能并非如此。在全球范围内，气候变化对农业生产的影响总体上可以忽略不计，因为亚热带和热带等地区的粮食产量在未来几年可能会下降，而发达国家可以通过使用合适的技术从全球变暖中获益（Anon，2015a）。即使一些重要的区域发生了动乱，世界农业生产体系也能够在不威胁粮食安全的情况下长期保持高生产率（McCarl，Adams 和 Hurd，2001）。此外还有一些积极的消息：

粮食生产能力大幅提高；发达国家的母婴营养有所改善；寿命和健康预期提高了，世界上更多的人可以获得健康食品（McMichael 等，2007）。可预见的是，农作物将吸收大量温室气体（Beddington 等，2012），但即使所有部门立即停止排放，全球变暖仍将持续几十年（Rosegrant，2008）。

4.1 温度升高对当前和未来粮食系统的影响

根据 2014 年 IPCC 第五次评估报告显示，当前全球变暖程度将会影响到食品行业和农业（Vermeulen，2014），其中一种可能的影响是，世界上的部分地区会在全球变暖中成为赢家或输家，而在温度较高的低纬度地区和半干旱地区，植物产量下降幅度会更大（Adams 等，1998）。糟糕的是，相对于积极影响，全球变暖对农作物产量的消极影响更大。在全球范围内，粮食产量在刚出现全球变暖的现象时开始增加，而随着平均气温的持续升高，粮食产量也会随之下降（WWF，2009）。

温度的升高预计会加速土壤 - 洪水系统中诸多微生物的代谢过程，其中植物残体的分解模式可能会发生改变，从而对碳和氮的循环产生影响。土壤温度的升高，也可能导致土壤中由根系呼吸、根系分泌物和细根周转引起的 CO_2 损失增加（Mahato，2014）。

气候系统中的热力学可能会因为全球变暖发生变化。例如，温度的升高可能会导致植物的蒸发和蒸腾速率的增加，云量的增加可能会限制光合作用，并导致作物产量减少（Pimentel 等，1992）。较高的温度可能会导致昆虫的生长速度加快，所以预测持续升温将增加细菌、真菌和昆虫对植物的不利影响（Johkan 等，2011）。根据美国预计的变暖趋势，预测昆虫造成的作物损失将增加 25%~100%（Pimentel 等，1992）。在温度较低的热带地区，温度升高可能会导致真菌毒素增加，但在温度较高的热带地区，可能会导致真菌毒素的消除（Vermeulen，2014）。

随着气候的变化，人们不再仅仅考虑传统的平均温度和降雨量这两个因素，这是因为种植季节和天气条件会发生变化，所以计划和管理生产的过程会更加困难（Beddington 等，2012）。

温度的变化在短短几天的时间就会使果树和谷物的产量下降（Edame 等，2011）。温度的影响预计将会导致低收入国家损失其谷物总产量的 5%~10%。此外，这种损失在不同地理位置会发生变化，在气候条件变化的影响下，贫困和粮食短缺国家的 10 亿 ~30 亿人面临 10%~20% 的谷物产量损失（McMichael 等，2007）。在全球变暖的影响下，预计到 2060 年谷物产量将下降 1%~7%（Scherr，Shames 和 Friedman，2012）。通常 CO_2 的增加会提高作物产量，而温度的升高则会降低作物产量（Schade，yingping 和 Pimentel，2010），但变暖对作物产量的影响在很大程度上是不确定的（Haberl 等，2011）。

到 21 世纪 30 年代，全球变暖和气候变化预计将对食品行业和农业产生更严重的影响，尤其是欠发达国家的小规模生产者。到 2050 年时全球变暖和气候变化对粮食安全的影响几乎是不可避免的（Vermeulen，2014）。

2009 年，有科学家分析提出，到 2050 年，大麦、小麦和大米的产量可能分别下降 8.9%、9% 和 17.5%（Feng 和 Kobayashi，2009），但豆类和大豆的产量可能分别下降 19.0% 和 7.7%（Jaggard，Qi 和 Ober，2010）。事实上，各种研究所做的模型表明，如果 CO_2 含量不再增加，全球变暖可能会在未来 20~80 年使水稻、玉米和小麦的产量减少 37%（DaMatta 等，2010）。

4.2 紫外线对气候变化的影响

臭氧是一种独特的物质，通过阻止波长短于约 310nm 的致命紫外线（UV）辐射到达地面来保护地球（Crutzen，Isaksen 和 McAfee，1978）。但是因为氯氟烃化学品的释放，臭氧层正在变薄。一般来说臭氧层每减少 1%，到达地球的紫外线辐射就会增加 2%（Pimentel 等，1992）。太阳紫外线辐射是太阳发出的电磁辐射光谱的一部分（Türker，2015）。根据调查，农业产量也受到紫外线辐射的影响。例如在臭氧减少 25% 时，大豆产量对应下降 20%。此外，尽管水稻和小麦的产量在 CO_2 浓度增加的条件下显著增加，但当这两种作物在 UV-B（波长为 280~315nm 的紫外线）和 CO_2 浓度同时增加的情况下生长时，它们的产量并没有提高，这是因为增加 UV-B 会抑制高 CO_2 浓度所造成的有益影响。尽管某些作物在生长方面可能耐受 UV-B 辐射，但 UV-B 可能会导致植物变得更容易受到植物病原体的影响。例如，已经观察到，当暴露于比正常情况更高的 UV-B 辐射时，水稻的发病率会增加（Pimentel 等，1992）。北半球发达国家的臭氧浓度以每年 1%~2% 的速度增加。根据 2007 年 IPCC 第四次评估报告的估计，到 2050 年时世界各地的地表臭氧将增加 20%~25%，在大气中的浓度达到 60μg/L。这可能会减少 C3 作物中因 CO_2 浓度增加带来的大部分产量，并将导致 C4 作物的产量至少下降 5%（Jaggard，Qi 和 Ober，2010）。

4.3 全球变暖对畜牧业及其未来的影响

在世界各地，畜牧业不仅仅只提供生计，而且还为食品和非食品行业提供经济保障。畜牧业占全球农业产值的 40%，未来这个比例可能还会增加。迅速增长的畜产品需求被称为“畜牧革命”，它为提高全球约 10 亿贫困人口的福利创造了机会（Ruane 和 Sonnino，2011）。

目前有 600 亿只动物用于供应肉、乳和蛋等畜产品，到 2050 年这个数字可能会翻一番，从而达到 1200 亿（CIWF，2008）。全球变暖直接或间接地影响了牲畜的生产成本和生产力（McCarl，Adams 和 Hurd，2001）。气候以 5 个主要方式影响牲畜生产：（1）牲畜饲料的供应及其价格；（2）牧区面积和牧草质量；（3）牲畜疾病、病媒和寄生虫的分布；（4）天气条件和极端事件对动物健康、生长和繁殖的直接影响；（5）牛乳产量（牛乳产量对温度升高非常敏感）和牛乳成分（固体、乳脂、脂肪酸、乳糖、泛酸、抗坏血酸和核黄素的比例）（Scholtz 等，2013）。1993 年有研究者模拟了 3 个 GCM（全球气候模型）情景下对牧场牲畜生产的影响（Hanson，Baker 和 Bourdon，1993；Adams 等，1998）。幸运的是，因为牲畜能够活动，所以牲畜比作物更能抵抗气候变化，并且更容易获得饲料。畜牧生产可能是农民适应气候变化的关键方法之一，因为他们可以实现农业组合的多样化（Anon，2015a）。

据推测，全球变暖将在南半球比在北半球大陆造成更可怕的后果。可以想象，这将对南半球国家的牛的生存环境产生负面影响，包括环境温度升高、营养压力和动物疾病模式的改变（Scholtz 等，2013）。冬季气温升高可能会减少留在室外的牲畜所经历的寒冷压力，并减少为室内动物的设施供暖所需的能量（Anon，2015a）。据观察，当温度升高 5.0℃时，美国的乳牛 / 小牛产量下降了 10%，阿巴拉契亚的东南部、三角洲的南部平原以及得克萨斯州的乳牛场产量也下降了 10%；而对于 1.5℃的升温，产量损失估计为 1%（McCarl，Adams 和 Hurd，2001）。当然这些结果因物种和地区而异，尽管在遮阴、使用洒水器、改善气流、减少畜群中的动物数量、改良的饮食以及在处理动物时更加小心，可能使畜牧生产者能够适应气候变化，但是预计在大多数情况下，全球变暖将对畜牧业产生负面影响（McCarl，Adams 和 Hurd，2001）。

4.4 到 2050 年 CO_2 浓度对农业和食品的影响

目前每年化石燃料排放的碳约 70 亿 t。根据 IPCC 的预测，到 2050 年将增加到近 160 亿 t 碳，到 2100 年将增加到 290 亿 t 碳。此外，预计到 2085 年 CO_2 浓度将从今天的 380mg/L 增加到 735mg/L（Cline，2007）。

变暖、降水变化和 CO_2 浓度变化的综合影响可能会改变作物产量，这取决于作物种类，种植地点，变暖的程度、方向，降水变化的幅度以及 CO_2 浓度的变化（Adams 等，1998）。

处于较高 CO_2 浓度下的作物能够增加干物质产量。这被称为“CO_2 肥料效应”，它用于改善温室和植物工厂中的植物生长（Johkan 等，2011）。然而大气中 CO_2 和其他温室气体水平的迅速增加将对农业产生一些直接或间接的影响，而这些影响主要是负面的（Rosegrant 等，2008）。但幸运的是，并非所有影响都是不利的，也有一些可能存在的有利影响。高水平的 CO_2 可以弥补其他环境缺陷。例如在 CO_2 水平增加的情况下，植物可以耐受更大的水分胁迫条件。此外，对于小麦等一些作物，CO_2 浓度的增加可能是克服土壤氮含量有限的一种方式。不幸的是，CO_2 水平的增加并不能克服磷或钾供应量的减少（Pimentel 等，1992）。

据估计，如果将大气中工业化前的 CO_2 水平（约 600mg/L）翻一番作为一个独立因素，可显著提高植物产量（Pimentel 等，1992）。例如，对于许多作物而言，700mg/L CO_2 浓度下的预期产量增长接近 30%；具体而言，小麦增产 31%，水稻增产 29%~35%，大豆增产 55%，玉米增产 50%。然而需要注意的是，这些值取决于植物及其碳汇的特定性质，例如种子或球茎，并且可能因物种而异。此外，如果矿物质营养素和水都成为作物生长的限制因素，CO_2 浓度增加对作物的积极影响将是有限的（Johkan 等，2011）。除此之外，还有其他可能性，如在增加 CO_2 含量的情况下，农产品质量下降，例如蛋白质含量降低（Haberl 等，2011）。因此可以很明显地看出，全球变暖对食品和营养有直接影响，但还没有足够的证据预测消费者的营养状况（Vermeulen，2014）。还有科学家观察到，在 CO_2 浓度增加的情况下生长的植物可能更容易受到害虫的影响（Cline，2007）。

图 4-3 描述了未来 CO_2 浓度的几种情况。根据预测，CO_2 浓度在所有情况下都会增加。

随着 CO_2 浓度和温度的升高，谷物和油籽产量可能会增大。然而随着温度的持续升高和降水量的变化，产量的增长可能是短暂的（Anon，2015b）。低肥力条件下，在 CO_2 浓度升高的情况下，豆科植物在植物群落生物量中所占的比例增加（Scholtz 等，2013）。

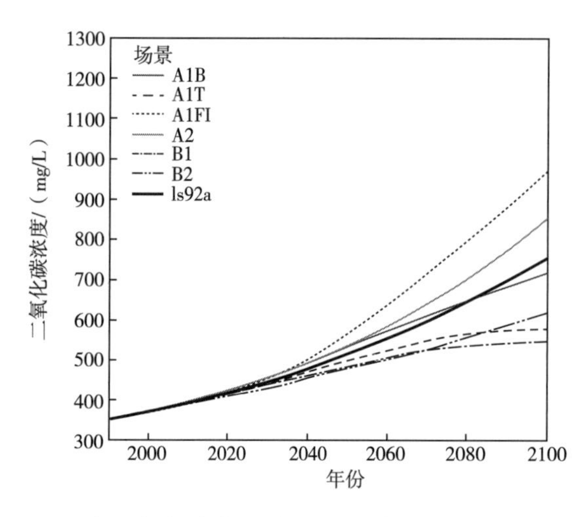

图 4-3
未来不同情景下二氧化碳浓度的预估（IPCC，2001）

由于气候变化，发展中国家的农业生产率将下降 9%~21%。而依靠 CO_2 浓度升高，发达国家的农业生产率将分别降低或提高 6% 和 8%。这些预测并不考虑一些因素，如虫害的影响、更频繁的极端天气事件，如干旱或洪水，以及灌溉用水的日益短缺对农业的损害（Rosegrant 等，2008）。

有科学家指出，与 BAU 情景（一切照旧的设想情景）相比，所有 11 个地区的植物产量都将提高，但这并不现实，因为假设完全依靠 CO_2 施肥。地区之间的增长差异很大，这个范围从 +0.74% 到 +28.22%（区域加权平均值：+14.76%）（Haberl 等，2011）。

CO_2 浓度升高可能会对人们的健康产生一些间接影响，因为在 CO_2 浓度升高的情况下，C3 谷物和豆类中的锌和铁含量较低。每年有近 6300 万人因膳食中锌和铁的缺乏而丧生（Myers 等，2014）。还有人发现锌和铁的缺乏会导致健康问题，因此未来因为这些原因而受苦的人数可能会增加（Goodnough，2012; Roohani 等，2013）。

4.5 全球变暖对目前经济的影响以及对食品工业未来的影响

农业是最重要也是最古老的经济活动之一。农业提供食物，所以气候变化对农业的影响也将影响到社会和经济的稳定（Anon，2015a）。全球变暖将影响农业和食品行业的价格、生产面积和市场风向标。农业生产力的变化可能对消费者有害，但对生产者有利，而且很可能生产者的平均收入将会增加，综上所述，我们可以得出价格上涨可能与气候变化有关这个结论。图 4-4 显示了粮食价格如何随时间变化。

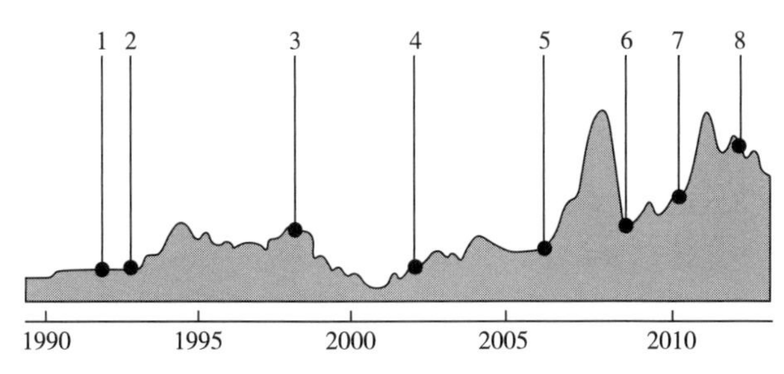

图 4-4
全球粮食价格的历史演变（Vermeulen，2014）
1. 澳大利亚小麦 2. 美国玉米 3. 俄罗斯小麦
4. 美国小麦、印度大豆、澳大利亚小麦
5. 澳大利亚小麦 6. 阿根廷玉米、大豆
7. 俄罗斯小麦 8. 美国玉米

预计大米、小麦和玉米的价格将分别上涨 40%、80% 和 120%（Hanjra 和 Qureshi，2010）。此外根据 AR5（IPCC 第五次评估报告）的预测，到 2050 年如果没有 CO_2 浓度增加的影响，温度和降水的变化很可能会导致食品价格上涨 3%~84%（Vermeulen，2014）。换句话说，最重要的农作物，如稻米、小麦、玉米和大豆等粮食价格将因气候变化而上涨（Bozoglu，2015）。

生产、价格和贸易之间的关系见表 4-1。表 4-1 说明了 Adams 等人 1999 年对美国的作物价格的估计指数和 Darwin 等人 1995 年对谷物价格的估计指数。Adams 等人 1999 年预测气候变化参考了升高不同温度和降水量的增加以及 CO_2 的浓度范围这三个条件，预测了两种情况，温和的气候变化（温度升高 2.5℃，降水量增加 7%）和更严重的情况（温度升高 5.0℃，降水量变化 0%），两者都假设 CO_2 在 530mg/L 下存在 CO_2 的肥料效应。

表 4-1
基于气候变化及其对作物价格影响的一些案例研究（R. M. Adams 等，1999）

研究文献	气候预测的假设或机构	地区	各类作物的价格变化
（R. Adams 等，1999）	升温 5℃，降水量变化 0%，二氧化碳浓度 530mg/L	美国	所有作物 +15%
（R. Adams 等，1999）	升温 2.5℃，降水量增加 7%，二氧化碳浓度 530mg/L	美国	所有作物 -19%
（Darwin 等，1995）	英国气象局	全球	小麦 -10% 其他谷物 -6%
（Darwin 等，1995）	戈达德空间研究所	全球	小麦 -2.5% 其他谷物 -3.5%
（Kane，Reilly，Tobey，1992）	气候变化的两种不同情景及其价格效应	全球	小麦 -0.9% 或 +50% 大米 -8.1% 或 +36%

结果表明温度升高可能是亚洲农业受损的原因之一。仅从变暖角度来看，在升温 1.5℃

的情况下，作物净收入将减少 13%，即每年减少 930 亿美元。升温 3℃将使净收入减少 28%，即每年减少 1950 亿美元（Mendelsohn，2014）。

幸运的是，CO_2 浓度增加会有利于提高作物产量。我们在考虑 CO_2 的肥料效应下得出的结论是升温 1.5℃情景下将导致每年增加 3% 收益，相当于 180 亿美元，以及升温 3℃情景下将导致每年损失 12% 的收益率，相当于 840 亿美元（Mendelsohn，2014）。根据 Edame 等人 2011 年的描述，非洲农民，特别是那些依靠雨水灌溉的非洲农民，可能会因为全球气温每升高 1℃，每年每公顷平均收入损失达到 28 美元（WWF，2009）。据预测，阿富汗和塔吉克斯坦将占损失的很大一部分，而不丹、柬埔寨、印度、吉尔吉斯斯坦、老挝、蒙古、尼泊尔和土库曼斯坦也将损失其作物净收入的 20% 以上。在这种情况下，仅仅是印度就将占到亚洲净收入损失的三分之二。如果气温升高 3℃，预计整体后果将更严重，这个数字将会增加到 1950 亿美元，相当于净收入损失 28%（Mendelsohn，2014）。根据 Nelson 等人 2009 年的说法，为了减少气候变化对农业的影响，需要在这方面投资高达 73 亿美元（Keating 等，2014）。

4.6 气候变化通过影响水来影响未来的粮食安全

植物生长依赖于充足的淡水（Johka 等，2011），目前的粮食生产每年用水超过 2.5 万亿 m^3，占淡水总消耗量的 75%。世界上近 60% 的粮食生产依赖雨水灌溉，而剩下的 40% 依赖灌溉农业，灌溉农业在世界 20% 的可耕地上进行（WWF，2009）。大约 50 万人生活在水资源紧张或水资源稀缺的国家，到 2025 年由于人口增加，这个数字预计将增长到 30 亿（Strzepek 和 Boehlert，2010）。随着对水资源需求的不断增加，气候变化将极大地影响水资源可用性的时间、分布和规模（Strzepek 和 Boehlert，2010）。全球变暖导致的水资源短缺似乎已经是农业行业面临的最大问题，在许多地区和国家，这一问题将会变得更加严重，并影响粮食生产（Hanjra 和 Qureshi，2010）。

Vörösmarty 等人 2000 年也认为，在目前的人口水平下，全球水资源已经十分紧张（Strzepek 和 Boehlert，2010）。在《农业用水：在日益稀缺的情况下保障粮食安全》（*Water for agriculture: Maintaining food security under growing scarcity*）一文中，作者回顾了在全球和区域范围内有关农业用水的情况（Rosegrant，Ringler 和 Zhu，2009）。2008 年 Viala 在

《食物之水，生命之水》（*Water for food, water for life*）一文中，全面回顾了农业中的水资源管理问题，并考虑了不断增长的用水需求和环境的变化如何威胁供水安全（Strzepek 和 Boehlert，2010）。图 4-5 显示了灌溉作物的分布面积。

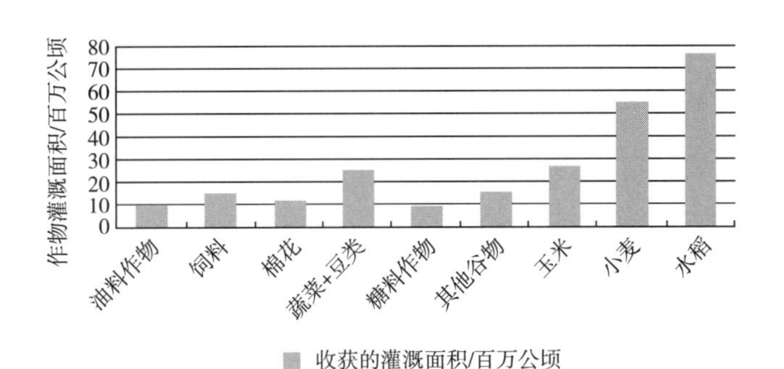

图 4-5
全球灌溉作物的分布面积（百万公顷）（WWF,2009）

影响全球用水的因素很多，如公共需求、工业需求、环境需求、农业需求、气候变化等因素（Strzepek 和 Boehlert，2010）。而由于人口和收入的增加，未来人们可能需要更多的谷物和肉类。如果采取食用肉类来提供更多的能量，则需要更多水资源来满足肉制品产量增加这一需求。此外，Rosegrant 和 Cai 在 2002 年提出，1995—2025 年，世界各地用于农业、家庭和工业的取水量预计将增加 23%（Hanjra 和 Qureshi，2010），到 2025 年时地表水供需之间的差距预计将增加近三倍（Qureshi，2015）。到 2030 年时对水的需求预计将比现在增加 50%，取水量可能超过自然过滤的 60% 以上，从而导致水资源短缺。根据 Strzepek 和 Boehlert 在 2010 年开发的模型分析，综合这些因素，到 2050 年时全球农业可用水量可能会减少 18%。此外，根据 Hanjra 和 Qureshi 在 2010 年的预测，到 2050 年将出现约 3300 km^3/ 年的水资源缺口。

农业活动的用水量占世界上所有可用水的 2/3，因此粮食安全处于很危险的境地。粮食安全的稳定取决于找到解决农业用水问题的方法（Saguy 等，2013）。据估计，澳大利亚南部和东部以及新西兰北部和东部的水安全问题可能会增加，从而导致农业产量下降。欧洲和北美也可能遭受更多的内陆和沿海洪水，南部的作物生产力下降（F.Gray，2014）。此外，根据目前的预测，一些人口密度大的地区，如地中海、中东、印度、中国和巴基斯坦，在未来几十年将面临严重的水资源短缺（Hanjra 和 Qureshi，2010；Xiong 等，2010）。

根据 IPCC 在 2007 和 2008 年的数据，全球变暖可能导致水资源压力增加。此外还可能会对水质产生严重影响，进而对农业产生不利影响（WWF，2009）。可用水量的减少可能会对食品加工和制备产生一些影响，特别是在亚热带地区需要改用干法加工和改变烹饪方法来减少负面影响（Edame 等，2011）。

冰川水库在未来 50 年将迎来枯竭危机，这将导致未来 50 年水流量减少 30%~40%（Qureshi，2015），而地下水和河流流量可能会影响这种情况（Vermeulen，2014）。此外，地下水回流和含水层开采可能会发生改变（McCarl, Adams 和 Hurd，2001）。

2005 年的一篇论文中提出，基于 12 个降雨径流模型，分析了 21 世纪径流状况的可能变化。结果表明，到 2050 年，北美和欧亚高纬度地区、南美洲拉普拉塔盆地、东赤道非洲和赤道东太平洋的一些主要岛屿的模型相似度存在很强的一致性（Milly, Dunne 和 Vecchia，2005）。在欧洲南部、中东、北美中纬度西部和非洲南部，预计年平均径流通常会减少 10%~30%（WWF，2009）。

4.7 全球变暖对渔业的影响

鱼类不仅是优质蛋白质的重要来源，也是全球越来越多人的收入来源，特别是在其他食物和就业资源有限的地方（Edame，2011；Kearney，2010；WFC，2007）。自 1970 年以来，水产养殖以平均每年 8.9% 的速度增长，使其成为世界上增长最快的食品生产部门（Ruane 和 Sonnino，2011；WFC，2007）。

渔业和水产养殖业受到温度、淡水生态系统和降水变化的威胁。因此气候变化可能直接影响渔业和水产养殖，还影响到鱼类种群和全球消费鱼类供应，或间接影响鱼类价格，以及渔民和渔场主所需的商品和服务成本（WFC，2007）。此外，Welcomme 等人在 2010 年说明了内陆捕捞渔业的机遇和威胁（Godfray 等，2010）。例如，由于珊瑚礁、红树林退化以及水的浊度、盐度和温度的改变，气候变化造成鱼类数量的时空变异性增加（Barnett，2007）。

全球变暖可能比温度升高、海洋酸化具有更大的破坏性影响。海洋覆盖了地球表面的 70%，海洋中的任何扰动都可能对剩下的 30% 陆地上的人类生活产生巨大影响（Abbasi，Premalatha 和 Abbasi，2011）。

根据预测，水产养殖和新品种开发（包括低成本品种）的显著增长是有可能的（Godfray 等，2010）。预计远洋鱼类消费量将小幅度增加，到 2050 年海产品消费量将比任何其他鱼类实现更快的增长速度，而工业国家和发展中国家都会出现这种趋势（Kearney，2010）。

基于持续高排放水平（SRES A1B 情景）的预测表明，到 2055 年热带渔业产量将下降 40%，而高纬度地区的产量将增加 30%~70%（Vermeulen，2014），我们期望水产养殖在人类直接消费鱼类方面的产值高于捕捞渔业（Ruane 和 Sonnino，2011）。

4.8 全球变暖与食品消费之间的关系

全球人均食品消费的历史数据显示，每日人均摄入能量从 1969/1971 年的 2373 千卡增加到 2005/2007 年的 2772 千卡（Lee，2014）。图 4-6 显示了两种气候情景下全球能量消耗和生产总量的历史与未来的估计。虽然对未来生产估计的两种情景，显示出与历史模式相比的持续增长，但两种饮食情景都显示出更高的实际需求，这两种情景分别是，当前气候条件以及与工业化前温度水平相比升高 4~6℃的气候条件（Lee，2014）。

图 4-7 显示了过去全球人均能量消耗量以及未来在相同气候情景下对生产和实际需求的估计。如果目前的气候条件保持不变，全球粮食生产的人均能量产量大致相同，而在升温 4~6℃的情况下，人均能量产量将显著下降。未来实际需求的轨迹显示出完全不同的模式（Lee，2014）。

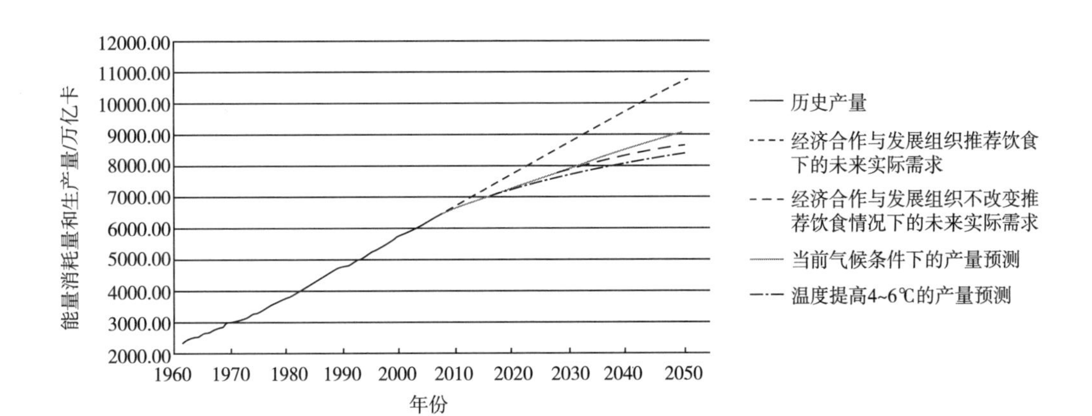

图 4-6
全球能量消耗量和生产量（Lee，2014）

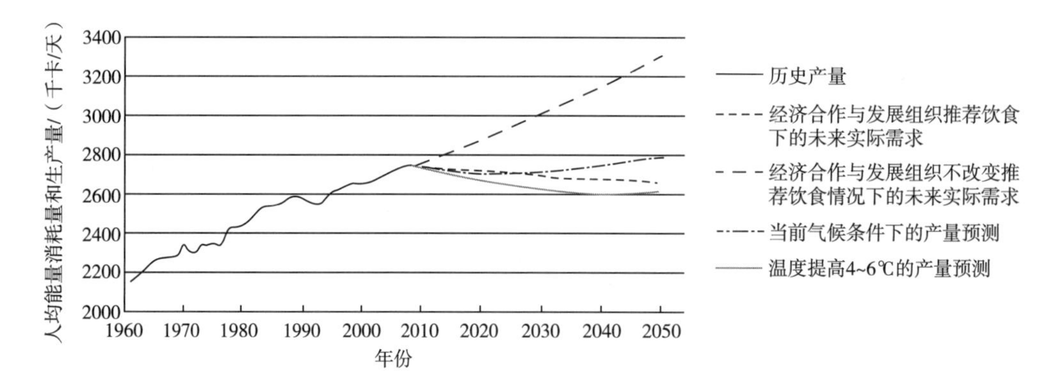

图 4-7
1961—2009 年各种情景下的全球人均能量消耗量和生产量（Lee，2014）

根据 2000 千卡 / 每人每日的测量，温度升高并未显著削弱全球粮食生产系统维持粮食安全的基本能力。然而全球变暖和气候变化可能会对人们未来对食物的选择产生影响。遗憾的是，气候变化可能会限制人们的食物选择，尤其是在发展中国家（Lee，2014）。

肥胖预计会增加环境负担，因为运输车辆自然需要更多的能量来运送超重的人。另外，由于对更多粮食的需求，化肥的使用量增加，牲畜数量和人口的增加会导致有机废物增加，肥胖对数十亿人口的粮食生产和运输的影响是每年增加高达 10 亿 t CO_2 的排放量（Squalli，2014）。因此很明显的是，全球变暖和食品消费这两个因素是相互影响的。

另一方面，由于气候变化，一些食物可能会消失，或者它们的产量可能会下降。例如，据估计在未来 30 年内，牛油果产量可能会减少 40%。此外，气候的变化可能会影响果树和坚果树，如苹果树，因为它们需要一段时间的寒冷气候才能产生经济上合理的产量。同样，由于未来几年气候变化的不利影响，大米、豆类和咖啡的产量可能会下降（Anon，2016）。从长远来看，这些情况可能会影响人们的饮食。

4.9 全球温室效应对国家当下和未来的影响

气候变化是 21 世纪最大的环境威胁（Edame 等，2011）。大多数气候变化的影响可能会覆盖到约 60% 的农田种植的雨水灌溉或非灌溉作物（Mahato，2014）。与发展中国家相比，工业化国家可能会从气候变化的影响中获益更多（Gregory，Ingram 和 Brklacich，

2005）。根据彼得森研究所的预测，发展中国家的农业产量将下降10%~25%。此外，预测中还指出，全球温室效应不会减轻（Hanjra和Qureshi，2010）。

据推测，非洲、亚洲、拉丁美洲、地中海盆地国家和澳大利亚等世界大部分地区的作物产量和牲畜生产力都将会下降（Schade和Pimentel，2010）。此外，沙漠化可能会蔓延到非洲、中国、印度和澳大利亚。水分蒸发量的不断增多可能会导致干旱地区的河流量减少40%，这会严重影响到农田灌溉（Schade和Pimentel，2010）。

4.9.1 亚洲和非洲

非洲的实际作物产量和预期的产量之间已经出现明显差距，这种情况正威胁着非洲大陆的粮食安全（Beddington等，2012）。由此推测，气候变化对非洲大陆的影响会比对其他任何大陆的影响更极端、更具威胁性。仅针对非洲的预测指出，非洲一些国家的农业产量将下降50%（WWF，2009）。此外，在全球变暖的影响下，非洲的载畜量可能会减少。

有研究者评估了气候变化对非洲11个国家，包括9000多名农民在内的农业区的影响（Kurukulasuriya和Mendelsohn，2008），得出的结论是：在所有被调查的农业区中，农场净收入随着降水量的减少和温度的升高而不断减少。到2050年，由于气候变化的影响，撒哈拉以南地区的一系列作物产量的增长率将净减少3.2%。此外，扩张的2.1%的土地面积在一定程度上填补了4.6%的整体产量增幅下降的损失（Ringler等，2010）。在次区域层面，由于玉米单产的下降，东非地区的谷物净进口量的增幅将达到最大的15%。对于苏丹-萨赫勒地区来说，当地玉米产量的变化会促使谷物净进口量急剧下降6%（Ringler等，2010）。

2007年Seo和Mendelsohn使用标准李嘉图模型的两个变体得出结论：大型农场的畜牧净收入可能会随着非洲气温的升高而下降，但在小型农场中并没有出现这种情况（Edame等，2011）。

Lobell等人在2008年认为，全球变暖可能会对东南亚和非洲南部地区的粮食生产造成负面影响（WWF，2009）。IPCC的第四次评估报告表明，到2020年，东亚和东南亚的植物产量可能会提高20%，而中亚和南亚的植物产量可能会下降30%，一些非洲国家的雨养农业的产量可能会下降50%（McMichael等，2007）。此外，预估到2050年，非洲和南亚所有作物的产量均会下降8%。小麦、玉米、高粱和小米遭受的负面影响会比大米、木薯和甘蔗更严重（Vermeulen，2014）。

东亚和东南亚的作物产量可能会增加最多20%，而考虑到CO_2直接的作用，到2050年，中亚和南亚的作物产量可能会减少30%（Johkan等，2011）。在大部分南亚地区，粮食减产的主要原因就是气温升高（ICRIER，2012）。国际水资源管理研究所（IWMI）最近的一项研究（de Fraiture 等，2008）预测，到 2050 年，南亚的小麦产量将下降 50%，这相当于全球作物产量的 7% 左右（Hanjra 和 Qureshi，2010）。同年，亚太地区的小麦、水稻和玉米产量可能分别损失 50%、17% 和 6%（ICRIER，2012）。

4.9.2 欧洲

在欧洲，地中海地区的水资源短缺可能会更加严重（WWF，2009）。此外，温室气体排放量的增加可能会使当前粮食的生产能力趋于固定。这可能会导致欧洲西北部的产能增加，地中海地区的产能降低，进而促使北欧农业系统的集约化和南欧的扩展（Olesen 和 Bindi，2002；Gregory，Ingram 和 Brklacich，2005）。在欧洲北部，人们通过引入新的作物品种来增加作物产量，扩大适合作物种植的区域，使农业系统迎合气候的变化（Olesen 和 Bindi，2002）。尽管如此，全球变暖的负面影响仍会逐步显现，例如，植被保护的需求增加、养分流失风险和土壤有机质的周转等，这些影响主要作用于欧洲南部地区。干旱和极端天气的增加可能会导致作物收率下降、产量变化的增加以及传统作物适宜种植面积的减少（Olesen 和 Bindi，2002）。

4.10 2050 年以后，2080 年

根据 6 种不同气候模型的预测，到 2080 年，单位土地面积的地表平均温度会上升约 5℃，单位农场面积的地表平均温度会上升 4.4℃（Cline，2007）。由于气候变化，一些发达国家的生产力可能会出现波动，下降约 6% 到提高 8% 都是合理的，从这一变化中可以发现，气候变化对发达国家的不良影响是很小的，甚至是良性的。然而，对于发展中国家来说，它们正在面临更严重的生产力衰退，下降率达到 30%，甚至 40%（Mahato，2014）。有人预测到 2080 年，受气候变化的影响，发展中国家的农业产出量会下降 20%，而发达国家的农业产出量会下降 6%。此外，由于气候变化，2080 年工业国农业产量可能会进一步平均下降 15%（Edame 等，2011）。这些变化趋势和 Mahato 在 2014 年的研究结果一致，该研究对 2080 年之前的时间段进行的预测表明：在受气候变化影响最大的发展中国家地区——非洲和南亚，农业生产力将下降 15%~30%。预测中还指出，到 2080 年，印度、非洲和墨西

哥等许多热带地区的农业生产力可能会下降20%~40%。气候变化会导致全球农业生产力下降至少3.2%，下降10%~25%的可能性也是很大的（Schade和Pimentel，2010）。由于这些变化，到2080年，发展中国家的谷物进口量可能会增加10%~40%（Rosegant等，2008）。

1990—2080年的气候变化可能会使撒哈拉以南非洲地区的营养不良人口增加一倍（Edame等，2011）。实际上，到2080年，仅仅是气候变化就可能使面临粮食危机的人口增加500万到1.7亿。2080年，非洲地区面临粮食危机的人口将占全球总人口的75%（Rosegant等，2008）。Fischer和他的同事在假设没有气候变化的情况下建立模型，对2080年进行预测。预测中指出，如果不按最坏的情况发展，遭受饥荒的人口数量将从现在的8.5亿人减少到2080年的3亿人（McMichael等，2007）。此外，2080年赤道的净灌溉需求可能会增加45%（Hanjra和Qureshi，2010）。

4.11 针对全球变暖的一些新的预防和缓解策略

4.11.1 应对气候变化的技术预防策略

在生物技术的助力下，一些转基因植物能够在极端环境（缺水、高盐、虫害等）下生长。科技可以帮助我们更好地理解和处理气候变化带来的食品安全挑战。生物技术在粮食和农业方面的潜在应用包括：（1）转基因植物通常可以在大多数土壤受到干旱、洪涝、盐化等影响的边缘地区生长；（2）一些创新的分子生物学方法，例如核酸序列对比和基于基因组学的方法，可以描述复杂的微生物群落及它们之间的相互作用；（3）使用新技术（包括纳米技术）可以快速检测病原体和污染物；（4）通过纳米技术开发的新型过滤设备能够去除一些来自土壤和水源甚至食品中的化学物质和微生物污染物（Tirado等，2010）。此外，无性繁殖是一种应对气候变化负面影响的高效而快速的方法（Johan等，2011）。一些技术创新在应用过程中可能会通过减少资源需求来实现饮食健康和食物的多种选择性。这样的技术可能会通过缩短食品运输时间来提高配送系统的效率，或者使食品加工设施的储存更高效，进而减少食物浪费。类似的新兴技术还包括利用植物蛋白去模拟动物蛋白的口感，例如使用大豆蛋白制成的蔬菜蛋黄酱（Lee，2014）。克服与水资源短缺和气候变化相关影响的一个有趣的想法是，将漂浮的农业种植园和基于太阳能的海水淡化技术结合起来，这可能是一个很好的创新方案，被称为漂浮光伏农场。相比于寒冷的多云地区，这个方案更适合干燥、阳光充足的地区。但是，这个方案的缺点是造价昂贵而且在现有状态下不能达到预期效果（Moustafa，2016）。这种技术在将来可能会有更好、更高效的生产周期。其他一些被用于减轻气候变化负面影响的技术方法包括增加土壤有机质、增加作物多样性、采用垄作种植和使用防风林（Pimentel 等，1992）。

单性繁殖，是指在没有卵细胞受精的情况下，通过自然或人工刺激的果实生产。在全球变暖的背景下，这是一种有潜力的果实生产策略。目前，已经可以轻松获取一些天然的单性繁殖作物，例如橙子、菠萝、香蕉、西红柿、茄子和黄瓜。这种方法也适用于其他作物。因此，单性结实的技术将来可能会更广泛地应用于农业（Johkan 等，2011）。

种植人员可以在农业生产系统中使用轮作制，这样不仅可以减少土壤侵蚀和水土流失，还可以更好地控制昆虫、疾病和杂草（Pimentel 等，1992）。除了轮作制，种植人员还可以改变种植日期来适应气候变化。

4.11.2 气候智能型农业

气候智能型农业（CSA）一词于 2009 年首次使用（Neufeldt 等，2013）。CSA 的定义是"以可持续的方式提高生产力、增强复原力、减少温室气体排放并促进国家粮食安全和发展目标的实现"的农业（Neufeldt 等，2013）。CSA 是一种通过重新定位农业系统来保证粮食安全免受全球变暖威胁的方法（Lipper 等，2014）。在创新政策和融资行动支持下，CSA 将粮食安全、适应和减缓之间的协同作用和权衡确定为应对气候变化和重新调整政策的基础（Lipper 等，2014）。CSA 的三个目标为：第一，提高农业生产力，以增加收入、保证粮食安全和发展；第二，提高多层面的适应能力（从农场到国家）；第三，减少温室气体排放和增加碳汇（Campbell 等，2014）。与常规方法不同，CSA 强调的是在创新政策和融资行动支持的基础上，实施灵活的、针对具体情况的解决方案的能力。相比于原有模式下的粮食安全威胁和农业系统的不灵活性，CSA 可以提高农业适应能力，降低粮食安全风险（Lipper 等，2014）。但是，CSA 的定义存在一些漏洞，它没有具体考虑农业可能会对其他生态系统、生物多样性和社会、政治、文化产生的影响。也就是说，如果实施 CSA 的负面作用是生物多样性丧失、生态系统长期不稳定、文化遗产退化、社会不公平加剧，那么减少温室气体排放、提高复原力可能并不是应对全球变暖的最佳策略（Neufeldt 等，2013）。

4.11.3 气候智能型景观

气候智能型景观（CSL），包括各种在不同的土地类型和所有制类型上的能够达到适应和缓解目的的农田和农场实践。其中一些应用包括土壤、水和养分管理以及农林业、畜牧业、森林和草地管理技术（Scherr，Shames 和 Friedman，2012）。CSL 的特征是植被覆盖率高、土地利用度高、生物物种多样（Scherr，Shames 和 Friedman，2012）。对于 CSL 大规模的推广应用，我们需要加强对多利益相关者规划、治理、投资空间定位，提高多目标影响监测方面的技术能力，争取政策支持（Scherr，Shames 和 Friedman，2012）。马达加斯加、萨赫勒地区、澳大利亚和世界上其他一些国家和地区的案例表明，CSL 倡议已经在实施的过程中。但是，它们仍处于早期阶段，只有继续坚持推行，我们才能从各个方面更好地了解 CSL（Scherr，Shames 和 Friedman，2012）。

图 4-8 说明了 CSL 的主要部分。一般来说，全球变暖对粮食生产存在不利影响，可能导致饥荒风险的增加。然而，生产者和消费者的经济反应可以减轻部分风险。尽管减少温室气体排放可能会减少一些对生产力发展的不利影响，但它也可能引发增加饥荒风险的其他因素（Hasegawa 等，2015）。因此，决策者在应用缓解策略之前需要考虑到所有相关因素，并谨慎选择。

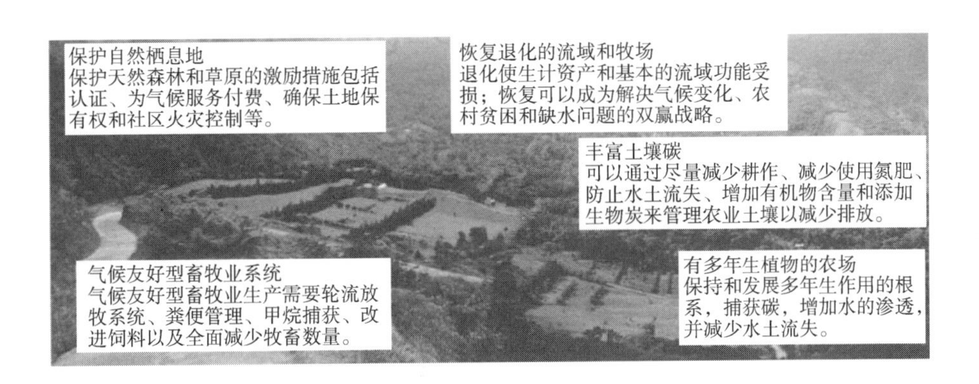

图 4-8
气候智能型景观的组成部分（Scherr 等，2012）

4.12 思考与展望

食物是对环境变化最敏感的物质之一。随着时间的推移，自然环境总是不断发生变化，但从 20 世纪初开始，由于人类活动的影响，它们开始出现异常变化，这就是全球变暖。如今，全球变暖正威胁着粮食安全。如果任由全球变暖发展下去，未来的粮食生产可能会面临更大的困难。全球变暖可能会导致农作物的种植时间和收获时间发生变化。由于极端的气候，同一地区的温度可能会出现变化，植物也会受到不利影响。此外，海平面的上升可能会使沿海地区的农业受到的影响比其他地区更大。

对于这些问题，未来都会有相应的解决策略。基因工程和纳米技术这两个领域日新月异、前景广阔，可能会培育出耐旱作物、更耐病虫害作物等。另外，研究人员还开发出了节水作物。在纳米技术中，作物及其环境的实时监测系统以及智能施肥系统（如缓释系统和肥料高效系统）是减轻全球变暖对农业不利影响的重要创新。此外，新型农业实践通过 CSA 可以促进应对全球变暖的适应战略，有效避免全球变暖对农业的大部分不利影响。

影响全球变暖的因素很多，包括工业生产及与之相关的人类活动，这不仅会导致温度和温室气体浓度升高，还会引发一些异常现象，造成更严重的后果，例如臭氧层消耗以及生命体更容易被紫外线辐射。

因此，如果现在不积极阻止全球变暖和气候异常变化，我们将会为此付出代价。每个人都需要采取行动防止全球气温继续升高，否则更多人可能会遭受饥荒。

第五章

肉制品与乳制品行业的未来

→

The Future of Meat and Dairy Industries

肉制品和乳制品工业受到了技术发展的影响。如果想要得到可持续的发展，只有让消费者接受新技术，并且具有一定的可行性。此外，肉制品和乳制品行业还不得不面对其他问题，这也是全人类的问题，如全球变暖及其对牲畜和牧场的影响。由于人口和城市化的因素，农业区正变得紧张，农村土地的价格已经上涨，喂养动物变得更加昂贵，导致动物产品的价格也明显提高。

关于乳制品和肉制品行业现状的研究并不全面，对这些行业的未来没有足够的认识。在本章中，除了说明气候变化对这些行业可能的影响外，还解释了这些行业的近期发展和未来展望。根据目前的研究，纳米技术和基因工程的应用可能会完全改变我们对这两个行业的研究经验。

肉是“被屠宰动物的肌肉组织”（FAO，2007）。由于自古以来肉制品保存的需要，才有了现在加工的肉制品（Vandendriessche，2008）。肉制品是人们最重要的食物来源之一，因为它富含蛋白质和对健康至关重要的微量营养素（Wyness 等，2011）。已有一些关于肉制品工业的研究，例如，Tarrant 在 1998 年为肉制品工业提供了一些科学研究优先领域——产品安全、产品质量和产品开发（Troy 和 Kerry，2010）。

技术的发展对肉制品工业产生了很大的影响。表 5-1 展示了肉制品行业的关键技术，其中简要地给出了从 20 世纪 50 年代到当前肉制品行业的主要技术进展（Kristensen 等，2014）。对于肉制品行业来说，消费者的偏好是最重要的因素之一。消费者的行为和他们对肉制品产品的看法取决于产品本身和个人特征。总体来说，因为它与活的动物、处理方法和屠宰条件、血液的存在、环境问题、宗教、意识形态、伦理和道德问题等有关，所以不管它的传统特征和既定的社会地位如何，肉制品通常会有负面的形象。与此矛盾的是，所有这些关于肉制品的负面因素似乎对肉制品消费的影响很小。这种情况可能是消费者知识变化的结果（Font-i-Furnols 和 Guerrero，2014）。

表 5-1
肉制品行业的主要技术进展

时间线	进展
1950—1959	培根和罐头技术
1960—1969	肉质提升

续表

时间线	进展
1970—1979	肉类分类
1980—1989	二氧化碳致晕法
1990—1999	电子可追溯性致晕法
2000—2009	自动化屠宰和去骨
2010—2019	肉类品质管理与 CT 扫描

5.1 全球肉制品消费趋势：过去、现在和未来

从全球来看，2014 年，猪肉消费量最大 [15.8kg/（人 × 年）]，其次是家禽 [13.6kg/（人 × 年）]，牛肉 [9.6kg/（人 × 年）]，最后是绵羊和山羊肉 [1.9kg/（人 × 年）]（Font-i-Furnols 和 Guerrero，2014）。发达国家每年的人均肉制品消费量为 80kg，发展中国家为 27.9kg，世界平均为 38.7kg（Alexandratos 和 Bruinsma，2012）。

全球肉制品消费模式已经随着时间发生了变化。1950 年，猪肉和牛肉完全占主导地位，家禽排在第三位。1950—1980 年，牛肉和猪肉产量的增长速度或快或慢。1990 年，世界牛肉生产量从 19 万 t（1950 年）增加到 5300 万 t，但此后一直没有增加多少。此外，由于鸡肉比牛肉有更高的转换效率，世界家禽产量随着时间的推移而增加，在 1997 年鸡肉的产量超过了牛肉（Brown，2013）。2005 年，全球生产了 2.45 亿 t 肉制品，其中 30.8% 是反刍动物肉，主要是牛肉（O’Mara，2011 年）。

随着人均肉制品消费量的不断增加，人们对食品健康的理解不断加深，因此健康饮食也导致了肉制品消费量增速放缓（Cirera 和 Masset，2010）。预计发展中国家的肉制品需求将从 1995 年的 6500 万 t 增加到 2020 年的 1.7 亿 ~2 亿 t（Çinar，2015）。此外，根据世界银行的一份报告（de Haan 等，2001），1997 年至 2020 年，全球对肉制品的需求将增加 56%（Vinnari，2008）。据粮农组织（FAO，2003）称，2030 年发达国家的肉制品消费量可能高达每人每年 100 千克（Grunert，2006）。根据 Fiala 在 2008 年的研究，按照当前的消

费模式，2030 年全球肉制品消费总量可能比 2000 年高出 72%（Datar 和 Betti，2010）。

表 5-2 显示了全球人均肉制品消费趋势。巴西和中国等一些国家的肉制品消费量出现了显著增长，但仍低于发达国家的消费水平（Anon，2015d）。

表 5-2
畜产品的人均消费量

地区	畜产品的消费量 /（kg/ 年）		
	1964—1966	1997—1999	2030
全世界	24.2	36.4	45.3
发展中国家	10.2	25.5	36.7
远东地区和北非	11.9	21.2	35.0
撒哈拉以南非洲地区	9.9	9.4	13.4
拉丁美洲和加勒比地区	31.7	53.8	76.6
东亚地区	8.7	37.7	58.5
南亚地区	3.9	5.3	11.7
工业化国家	61.1	88.2	100.1
转型国家	42.5	46.2	60.7

到 2050 年，发达国家人均肉制品消费量可能会增加 14%，但这包括所有消费量还相对较低的国家。因此，到 2050 年，肉制品的总需求估计将增长 1.3%（Alexandratos 和 Bruinsma，2012）。此外，预计到 2050 年肉制品消费量将适量增加，这主要发生在畜禽肉，尤其是家禽中（Kearney，2010），因为它们比反刍动物具有更高的效率和更短的繁殖周期（Smith 等，2010）。根据国际食物政策研究所（IFPRI）的一项预测，2000—2050 年，高收入国家的人均肉制品消费量将从每人每年 90kg 增加到 100kg 以上，同期低收入国家将从每人每年 25kg 左右增加到近 45kg（Smith 等，2010 年）。在全球范围内，除非政策发生变化，否则肉制品年产量可能会翻一番，例如从 1999—2001 年的 2.29 亿 t 增加到 2050 年的 4.65 亿 t。预计大部分增长将发生在中等和低收入国家（McMichael 等，2007）。Alexandratos 等人在 2006 年的研究发现，与 2000 年相比，预计到 2050 年牛肉和羊肉年产量会分别增加 72% 和 110%（O’Mara，2011）。尽管存在许多环境和伦理问题，但预计未来肉制品的消费量还会增加。然而，由于全球素食者人数不断增加以及工业国家的其他因素，一些研究得出了相反的结论（Vinnari，2008）。大多数关于肉制品消费预测的研究都基于一个简单的逻辑，即当收入增加时，肉制品消费量也会增加，因为它是一种经常食用的食物（Vinnari，2008）。然而，由于消费者的行为和政策原因，未来可能会出现相反的情况。

5.2 肉制品消费的利与弊

从环境角度、动物权利角度和健康角度来看，肉制品消费确实有负面形象（Vinnari和Tapio，2009）。肉制品消费的一些环境影响与土地使用、水和能源有关，也是各种排放和浪费的原因（Vinnari，2008）。例如，根据生命周期法，1kg牛肉相当于欧洲汽车平均每250km排放的二氧化碳（Vinnari和Tapio，2009）。表5-3简要比较了肉制品和素食在健康方面的差异。

表5-3
肉制品和蔬菜的饮食比较

素食的优点	肉制品的优点
纤维素含量高	富含能量和营养成分
提供较少的能量	提供生物学价值更高的蛋白质
摄入较多的抗氧化成分	铁、锌和维生素B_{12}等B族维生素的最佳来源
素食的缺点	食肉的缺点
铁的生物利用率较低	部分脂肪含量高
缺乏锌和维生素B_{12}	加工肉类钠含量高
缺乏二十碳五烯酸（EPA）和二十二碳六烯酸（DHA）	含激素等其他物质
蛋白质生物学价值较低	肠癌、心血管疾病风险增加

5.3 消费者对当今和未来肉制品的看法

消费者对肉制品的看法对肉制品行业至关重要，因为它们直接影响了肉制品行业的盈利能力。许多研究得出的结论是，消费者对肉制品的看法是复杂的、动态的，且难以定义。由于科学的进步，肉制品行业在安全、质量和产品稳定性方面的公众形象得到了改善。但是在健康（营养）、动物福利和便利方面，该行业仍然存在一些重要的问题（Troy 和 Kerry，2010）。Harrington 在 1994 年的一项研究中将消费者关注的问题列为道德、食品安全、营养和脂肪、动物福利、“第三世界”、环境和基因工程这几个方面（Garnier，Klont 和 Plastow，2003）。消费者对肉制品最主要的关注点在味道、性价比和健康（Vinnari，2008）。消费者希望食用从可持续饲养的动物中获得的健康肉制品。此外，他们还希望食品是按照他们的道德标准生产的（Kristensen 等，2014）。

关于“天然”和“有机”产品的争论可能会集中在它们的质量和安全上（Sofos，2008）。然而，人们对转基因肉制品的态度是明确的。例如，2006 年 Grunert 在欧盟进行的一项调查表明，没有人能想象食用转基因动物。

在全球范围内，对具有某些特点的更健康肉制品的需求正在迅速上升，例如这些产品的脂肪、胆固醇、氯化钠和亚硝酸盐含量降低，脂肪酸含量有所改善，并且添加了有益健康的成分。这些需求对于肉制品行业来说可能是巨大的机遇（Zhang 等，2010）。另一方面，消费者对功能性食品的接受程度取决于他们的社会、经济、地理、政治、文化和种族背景（Zhang 等，2010）。

原则上，可以使用来自不同物种的干细胞进行体外肉制品的生产，包括目前未用于肉制品生产的动物（Young 等，2013）。未来的培养肉很大程度上取决于消费者对产品的看法（Goodwin 和 Shoulders，2013）。

随着生活条件的改变，饮食习惯也随之改变。例如，许多人更喜欢食用即食型食品和方便型食品（Vandendriessche，2008）。在技术的助力下，增加肉制品的消费是可能的，例如开发能耗较低的肉制品和烹饪时间较短的产品。另一方面，一些技术的发展可能会对肉制品消费产生负面影响，例如，培养肉的开发、肉类以外的新型蛋白质来源等（Vinnari，2008）。

尽管工业化国家的肉制品消费水平可能接近饱和，但这些国家的人们还有一些不同的需求，例如肉制品无添加剂或化学残留物，加工程序少，产品方便且无需准备，安全且经济（Sofos，2008）。由于这些原因，肉制品行业的技术发展有望在未来满足这些需求。当今市场上已经有了不同的产品，例如减脂产品。消费者可能喜欢更健康的产品，但他们并不是很愿意尝试风味或口味发生显著变化的产品（Vandendriessche，2008）。因此，在肉制品行业产品的开发过程中，应该仔细考虑风味和香气特性的保护。其他一些与健康和营养无关的市场趋势是动物福利和产品的可追溯性（Vandendriessche，2008）。预计动物福利体系将变得更加重要，而且可持续性也有望不再只是消费趋势，而是运营许可证的强制性要求（Kristensen 等，2014）。简而言之，未来肉制品行业的战场预计将是一个由环境效率、原材料优化利用、生产效率和健康肉制品组成的竞技场（Kristensen 等，2014）。

5.4 肉制品科学技术的现状和未来的发展

目前，肉制品生产释放的温室气体占温室气体排放总量的15%~24%。此外，主要作物不应用于低效的肉类生产，1kg家禽、猪肉和牛肉分别需要2、4kg和7kg谷物（Datar和Betti，2010）。不同学科的交叉融合，如遗传学、动物行为学、肉制品科学、土壤科学、纳米技术等，应该会开发出完全可持续的农业系统（Garnier，Klont和Plastow，2003），不仅为现在，还为了未来的世世代代。在同样的资源投入下，需要生产更多的肉制品，也就是说，生产效率需要提高，生产对环境应该是可持续的。实际上，这意味着最低水平的温室气体排放、土地使用以及能源和水的消耗。这些可能是未来肉制品工业生产最重要的标准（Kristensen等，2014）。同时，人们也期望更健康的肉制品，例如：肉制品中较低的盐含量。有三种可能的方法可以做到这一点：第一，可以用氯化钾取代氯化钠；第二，可以在肉制品中加入风味增强剂；第三，可以调整氯化钠的结构（Weiss等，2010）。此外，从中期来看，在肉制品中使用共轭亚油酸（CLA）为肉制品工业提供了一些好处，例如较低的滴水损失和较好的肉质颜色，尤其是对人类健康有很大的潜在积极影响（Garnier，Klont和Plastow，2003）。

蛋白质组学在肉类科学中的应用并不普遍，它还处于早期阶段，仅有少数的研究。但是，蛋白质组的研究可能会为将蛋白质组技术应用于牲畜肌肉和肉类研究提供有价值的信息（Bendixen，2005）。随着蛋白质组技术的发展，控制利基产品的有用方法，也变得更加容易。蛋白质组学可能会成为了解食品真实性的有用工具，如确认动物来源（Bendixen，2005）。

肉类行业正被迫开发具有新颖配方的产品，因此需要灵活的生产线来满足这一需求。创新的微生物、植物或动物酶可以用于肉类工业，以改变肉类和肉制品的质地（Weiss等，2010）。但是到目前为止，在肉制品中添加营养物质还没有取得真正的商业成功（Vandendriessche，2008）。另外，未来特殊肉制品在零售渠道可能会有更大的空间。例如，既方便又不容易看到肉类成分的产品，因为有些消费者会避免购买肉制品——这仅限于某些消费群体（Grunert，2006）。

在未来几年，电解氧化水、高压结合抗菌剂、辐照和光脉冲，以及表面消毒剂，如二氧化氯和乳酸等的应用，可能会更加普遍，并改善肉类和肉类衍生产品的保质期（Weiss等，2010）。此外，2014年进行的一项研究解释了射频（RF）和体积辅助加热过程在肉类行业的可能应用（Kristensen等，2014）。为了加速包装过程，可以使用真空灌装机。最近已经开发出了高真空灌装机（Weiss 等，2010）。

新技术的发展，包括辐照、高静水压、脉冲电场的电穿孔、超声波、振荡磁场、噬菌体或酶裂解细胞、智能抗菌包装或可食用抗菌膜，以及此类处理或工艺的各种组合（例如，涉及超声波辐射、压力和热量的压热超声波）未来也可能用于肉类工业（Sofos，2008）。肉品质量管理和精密测量技术的结合将彻底改变我们今天所熟悉的屠宰场。或许，未来的库存数量将是无限的，甚至连客户适应性产品都将成为现实。更小的生产系列和更多的产品品种也使得这一趋势会更加灵活（Kristensen 等，2014）。高度自动化和许多相互连接的传感器可能会提供信息，这些信息将被逐步汇编成在线整体信息。价值链的进一步整合是可能的，来自农场、运输商、屠宰场、加工、零售等方面的相关信息为肉类行业开辟了全新的可能性（Kristensen 等，2014）。另外，预计会有更多现成的自动化子系统，降低技术成本（Nollet 和 Toldrá，2006）。此外，组学技术有望在未来为肉类科学与技术做出更大的贡献。在遥远的未来，对代谢组学技术的深入了解可能会为食品行业和社会提供实质性的帮助。例如，温室气体（GHG）排放对全球变暖的影响，已引起国际社会的关注。这些温室气体的大部分是由动物产生的。通过代谢组学更好地了解这一排放过程可能有助于解决这个问题（Bayram 和 Gökırmaklı，2018）。

就食品安全而言，消费者不可能接受任何让步。我们预计将引入新的技术，如超高压灭菌法、使用保护性细菌和特定噬菌体；另一方面，如果该行业不能找到一种方法来减少肉制品中的钠和脂肪水平而又不造成口味的重大差异，那么替代品可能是首选（Vandendriessche，2008）。有科学家认为，未来的肉制品将具有完美的保质期，比现在的保质期长得多，没有食品安全风险，并且在口感、香气和味道方面都是最佳的，这非常有益于消费者的健康，并且不需要受到摄入量的限制。最接近这一理想的产品将可能成为肉制品行业的赢家。然而，质量，特别是感官质量，预计在不久的将来不会有重大变化（Vandendriessche，2008）。

5.5 肉制品行业的基因水平研究与发展及未来前景

由于人口增加，食品需求也在增长，需要为庞大的人口提供廉价而有营养的食品。另外，提高农场动物可持续性的需要可能会促使未来转基因动物的食品生产（Forabosco

等，2013）。绝大多数用于生产食品和饲料的转基因动物仍处于研究阶段（Forabosco 等，2013）。肉制品工业和肉制品的发展将借助于基因工程的应用（Garnier，Klont 和 Plastow，2003）。

动物生物技术（克隆、转基因或先转基因后克隆）具有巨大的潜力，可以通过直接的基因操作提高食品的质量、产量和安全性（Olmedilla-Alonso，Jiménez Colmenero 和 Sánchez-Muniz，2013）。

此外，对转基因鱼的研究已经被不同的机构，如美国食品药品监督管理局及其他美国机构，评估了 15 年以上，该产品已经上市。

预计食品生物技术的进步和转基因生物的生产会继续引起争议，但比过去要少一些（Sofos，2008）。

未来，发展中国家可能会在研究、开发和销售用于食品生产的转基因动物方面发挥关键作用。但需要注意的是，即使转基因动物的应用在未来大获成功，转基因技术在食品生产行业的真正成败还是由消费者决定（Forabosco 等，2013）。

5.6 肉制品行业将如何受到纳米技术的影响及其未来前景

肉制品和肉制品的包装应用是目前纳米技术中最有前途的领域。一些应用实例已经出现，如用于微生物检测的金纳米粒子结合酶和与食品状况有关的气体感应：芘基荧光体的纳米纤维通过检测气态胺来指示鱼和肉的腐败（Chellaram 等，2014）。另一方面，有可能使用纳米传感器来检测小的有机或无机分子，如三聚氰胺、农药和一些基于蛋白质的细菌毒素等，这些都是对肉制品有害的物质（Milan 等，2013）。

随着纳米技术的应用，肉制品加工中的一些新发展可能会开始出现，如肉制品衍生的生物活性肽、加工肉制品中的益生元成分、用于输送抗氧化剂的脂肪基纳米乳剂、用于肉制品生物安全追踪的纳米传感器和纳米追踪器，以及具有确定功能的纳米结构肉制品。肉制品科学中纳米技术的新视野是纳米级结构和控制单分子之间相互作用的方法（Ozimek，Pospiech 和 Narine，2010）。此外，在纳米技术的助力下，可以开发出纤维蛋白聚集体作为肉制品的替代品，通过这种方式可以构建纤维蛋白来模仿肉制品（Milan 等，2013）。如果味道和其他感官特性与肉制品足够相似，消费者可能会喜欢它（Barland，2012）。

5.7 未来的肉制品安全

肉制品及其安全是通过在整个食物生产链中采取适当的卫生措施和肉制品加工厂内的净化干预措施来控制的（Manios 等，2015）。肉制品的微生物安全和质量对生产商、零售商和消费者同样重要（Mead，2004）。

控制与肉制品消费有关的病原体的生物来源可能将继续成为肉制品行业在未来的主要目标之一（Sofos，2008）。未来肉制品安全的一个重要问题是最大限度地利用抗菌物质来控制特定产品中的病原体（Sofos，2008）。需要开发快速和更先进的设备或方法来检测病原体以用于实验室研究（Sofos，2008）。与化学残留物有关的问题预计将在未来几十年继续存在（Sofos，2008）。具有潜在人类健康影响和动物健康威胁的疾病，如禽流感和口蹄疫，预计仍将是未来几十年的主要挑战，并可能导致全球关注的重大流行病或灾难（Sofos，2008）。

5.8 人造肉的生产、发展及其未来展望

预计在未来几十年里，全球肉制品消费将翻倍。如果肉制品科技没有重大进步，肉制品价格可能会因为需求的增加而上升，将来会有越来越多的人买不起肉（Goodwin 和 Shoulders，2013）。出于这个原因，需要一个新的解决方案来确保肉制品的供应——人造肉可能是一种解决方案。

Langelaan 等人在 2010 年简要描述了人造肉技术过去的发展。体外肉制品生产系统（IMPS）的主要优点是人们可以控制和操纵条件。这些限制包括满足营养需求和大规模操作（Datar 和 Betti，2010）。促进 IMPS 的发展有一些原因，例如动物福利、生产条件和环

境考虑，以及从原料角度看食品生产的效率（Langelaan 等，2010）。有研究发现，IMPS 有助于减少 99% 的土地使用、90% 的水使用和 40% 的能源消耗（Tuomisto 和 Teixeira de Mattos，2011）。如果它成为现实，将使温室气体的排放大量减少（Post，2012）。此外，人们认为肌细胞培养将减少对水、能源和土地的需求，因为：（1）只培养肌肉组织，可以绕过副产物和非骨骼肌肉组织的产生；（2）对于相同质量的肉，预计组织培养比生长到可屠宰的时间要短；（3）体外肉制品生产系统节省空间，这样就不必砍伐森林建设牧场了（Datar 和 Betti，2010）。

关于人造肉生产的重要考虑因素是大量生产、哺乳动物细胞 / 组织培养物的质量控制、为培养物提供持续无菌条件以及干细胞供体动物的受控育种。这些技术问题很可能会在未来得到解决。

截至 2010 年，人造肉生产系统只取得了一些初步的发展。也就是说，只有源自几个模型物种和人类的胚胎干细胞系被成功分离和培养。目前，已经生产了近 1.5cm 长和 0.5cm 宽的培养肉（Langelaan 等，2010）。

媒体上有许多关于人造肉技术的文章和讨论。有研究者对这一课题进行了专门的研究。由于他们的研究，人造肉技术目前得到传统媒体的支持（Goodwin 和 Shoulders，2013）。因此，如果媒体继续支持，消费者很可能会对人造肉产生好感。

用体外生产的肉制品替代传统肉制品，每年能节省 1300 多亿美元（Young 等，2013）。通过获取合适的干细胞，在适宜的条件下增殖到足够的数量，并在 3D 环境中为它们提供合适的刺激信号，工业肉制品生产似乎是可行的（Langelaan 等，2010）。但是，在获得有效的肌肉细胞培养方面仍然存在一些技术问题。第一，必须选择具有增殖和分化能力的细胞，并研制成本效益高的生长培养基。第二，必须开发肌肉细胞附着、生长和成熟所必需的与之相容且可食用的基质，并且有助于体外肉的质地。第三，生产必须可扩大化，以适应工业生产。第四，必须达到高营养价值和消费者对含有体外肉的新产品的接受程度（Young 等，2013）。此外，味道可以说是最难模仿的，因为超过 1000 种不同的水溶性和脂肪来源的成分是获得肉的特定品系味道所必需的（Post，2012）。

5.9 肉类益生菌产品及其发展

如果能证明食品有益于人体的一个或多个目标功能，那么它就可能具有功能性（Dalle

Zotte 和 Szendrö，2011）。即使没有营养添加剂，肉制品也被认为是一种功能性食品，因为它含有许多天然的健康成分（Olmedilla-Alonso，Jiménez-Colmenero 和 Sánchez-Muniz，2013）。

随着经济的发展，人们对更健康、有功能性的肉制品的需求越来越大。这些需求为肉制品工业提供了更多的机会（Zhang 等，2010）。例如，消费者对具有某些重要特性产品的需求正在全球范围内迅速增加，如降低脂肪和胆固醇水平、降低氯化钠和亚硝酸盐含量、改善脂肪酸成分组成、加入健康促进成分等（Zhang 等，2010）。

功能性肉制品是肉制品行业通过开发具有有益健康特征的产品来提高肉制品质量和形象的绝佳机会（Olmedilla-Alonso，Jiménez-Colmenero 和 Sánchez-Muniz，2013）。可以通过多种不同的方法来开发含有功能性成分的健康肉制品。Jiménez-Colmenero，Carballo 和 Cofrades 在 2001 年提出了一些建设性策略（Arihara，2006）：

（1）畜体组成的变化

（2）肉制品原料的变更

（3）肉制品配方的改变

（4）减少脂肪含量

（5）脂肪酸谱的改变

（6）降低胆固醇

（7）减少热量

（8）降低钠含量

（9）减少亚硝酸盐

（10）功能性成分的加入

下面列出的肉制品的功能修饰是由 Fernández–Ginés 等在 2005 年提出的（Arihara，2006）：

（1）肉制品中脂肪酸和胆固醇水平的变化

（2）在肉制品中添加植物油

（3）加入大豆

（4）添加具有抗氧化特性的天然提取物

（5）氯化钠含量的控制

（6）添加鱼油

（7）添加植物产品

（8）添加膳食纤维

5.10 未来的昆虫

农业地区面临的压力越来越大，意味着牲畜肉制品生产的可持续性比以往任何时候都低（Premalatha 等，2011）。包括饲料作物生产在内的畜牧业占用了世界 70% 的农业土地（或地球土地的 30%），每年消耗 7700 万 t 动植物蛋白质，但只生产 5800 万 t 蛋白质供人类消费（2012 年后）。出于这些原因，人们再次提议将昆虫作为人类的替代蛋白质来源。吃昆虫是一种古老的习俗，被称为食虫性（Pal 和 Roy，2014b）。根据各种说法，包括考古证据以及对粪便化石的分析，人类已经进化为食虫物种（Premalatha 等，2011）。

全球经常食用昆虫的人口至少有 20 亿。此外，超过 1900 种昆虫在文献中被记录为可食用的物种（Pal 和 Roy，2014）。主要是在一些热带和亚热带地区，如津巴布韦、墨西哥和泰国，以及更多的温带地区，如日本和中国的一些地区，人们会吃昆虫。在这些地区，昆虫以其营养和经济效益而闻名。在泰国和非洲南部，食用昆虫的贸易具有重要的经济意义（Pal 和 Roy，2014）。

昆虫的主要营养成分是蛋白质，其次是脂肪（Rumpold 和 Schlüter，2013）。昆虫提供大量优质蛋白质，这意味着它含有足够比例的不同类型的氨基酸，并且会很容易被消化掉（Premalatha 等，2011）。除猪肉外，昆虫的能量值与肉制品的平均能量值相当（以鲜重为基础）（Rumpold 和 Schlüter，2013）。

昆虫获得 1kg 生物量所需的饲料是牛的十分之一（Anon，2015c）。此外，昆虫的二氧化碳排放量是传统牲畜的 1/50，氨气排放量是其 1/10。并且，动物疾病传播给人类的风险也更低（Anon，2013）。因此，昆虫需要更少的能量，在获取蛋白质时留下的环境足迹更小，尤其是在封闭系统中，也可以在村庄或农场层面使用（Premalatha 等，2011）。使用昆虫作为替代蛋白质来源的另一个好处是，它们可以帮助农村地区的经济发展，即在公园周围的村庄经营小规模的、以妇女为主要劳动力的食用昆虫小型农场，可以提高当地家庭的收入（Prins，2014）。预计昆虫作为一种日常食物来源，几十年后的市场价值将达到 3.5 亿美元（Weston，2014）。

尽管昆虫作为食物来源具有许多益处，但也应考虑到一些有害性。Pal 和 Roy 在 2014 年进行的研究中提到了一些利弊（Rumpold 和 Schlüter，2013）。

在昆虫完全推入市场之前，这些重要问题必须得到解决。更重要的是，消费者对于食用昆虫作为蛋白质替代来源的认识和观点需要得到积极的发展。为了消除消费者的反对，可以使用一些新的加工方法，例如研磨昆虫或提取它们的蛋白质（Anon，2013）。

5.11 乳制品行业：过去、现在和未来

乳制品有着悠久的历史，几乎从人类最早的文明诞生开始——早在公元前4000年，撒哈拉沙漠的岩画就证明了这一点（Bauman等，2006）。乳制品营养丰富（Speckmann，Brink和McBean，1981）。牛乳是主要加工工业的原料（Gibson，1989），牛乳在全世界的乳制品生产中占主导地位（O’Mara，2011）。尽管世界上大部分人在不食用乳制品的情况下就可以满足他们的营养需求，但乳制品行业的前景似乎依然很光明（VandeHaar和St-Pierre，2006）。与其他农业和食品行业一样，乳制品行业在用于为消费者提供可持续产品的土地、能源和水方面也面临着重要的环境压力（Augustin等，2013）。人们对未来牛乳和乳制品的产量有一些估计和预测。例如，牛乳和乳制品的产量预计在2000—2030年每年增长1.4%，高于20世纪90年代每年的1.1%（O’Mara，2011）。根据Alexandratos等人在2006年对2050年牛乳产量增长的预测，与2000年相比，2050年牛乳产量将增长82%（O’mara，2011）。贸易政策的变化促进了乳制品和加工食品的供应和消费（Kearney，2010）。未来，这些政策可能会被扩展并更普遍地用于世界各地的所有食品中。在下文中，将讨论乳制品和牛乳行业如何在基于产品和基于技术方面发展等主题，以及乳制品市场的近期趋势。

5.12 益生菌乳制品行业的未来

益生菌是活的微生物，如果摄入足够的量，它们会有益于健康（Ejtahed等，2012）。它们一般属于功能性食品类。由于医疗保健成本的增加、寿命的稳步延长、老年人对晚年生活质量的关注等因素，功能性食品市场日益增长。因此，功能性食品，特别是益生菌的开发是一个长期的趋势，具有显著的市场潜力（Bigliardi和Galati，2013）和光明前景（Prado等，2008）。功能性食品的消费正以每年近28%的速度增长，消费者愿意为丰富的产品支付高价也是创新的重要驱动力（Marsh等，2014）。新产品和新型生产技术可能是未来功能

性食品的重点研发领域（Mattila-Sandholm 等，2002）。

益生菌的未来科技研究趋势预计是（Mattila-Sandholm 等，2002）：（1）研究胃肠道中益生菌的作用机制，并开发用于评估的诊断工具和生物标志物；（2）研究益生菌对胃肠道疾病、胃肠道感染和过敏的影响；（3）通过开发可行性技术，确保益生菌产品的稳定性和可行性（例如，微胶囊的工艺和材料开发）；（4）开发用于非乳制品、新型或人工益生菌应用的技术；（5）评估益生菌在健康消费者群体中的作用，并确定消费者偏好的各个方面。

5.13 基因工程在乳制品行业的应用及其前景

重组 DNA 技术的发展为改变牛乳的成分和获得牛乳中全新的蛋白质提供了机会。科研人员认为，需要生产具有以下特点的转基因动物：（1）生产更多的牛乳；（2）生产更有营养的牛乳；（3）生产具有有益的营养蛋白质的牛乳（Wheeler，Walters 和 Clark，2003）。

转基因微生物和创新技术可能会创造出新的发酵乳制品。在不久的将来，会消费大量经过浓缩和发酵的产品（Prado 等，2008）。最近在转基因山羊的羊乳中生产了人类溶菌酶，以提高乳酪制作的效率。通过这种方式，可以减少凝乳酶凝固时间并增加凝乳强度，从而加快乳酪制作速度，制作出更坚固的乳酪（Bauman 等，2006）。此外，在乳酪制作中很重要的一点就是牛乳中酪蛋白浓度的增加减少了凝乳酶凝固和乳清排出所需的时间，提供更坚固的凝乳。从酪蛋白中去除磷酸基团则会导致乳酪变软（Wheeler，Walters 和 Clark，2003）。

在不久的将来，乳制品行业还会有其他新的发展。例如，利用分子生物学技术，修改乳牛的基因组，根据不同的消费者需求，生产不同的牛乳，如牛乳含有低致动脉粥样硬化化合物（酪蛋白、短链脂肪酸、反式异构体脂肪酸）、抗菌特性、高抗凝脂肪（多不饱和脂肪酸、鞘磷脂丁酸和酯醚），以及与人乳成分相似的牛乳（Nardone 和 Valfrè，1999）。

5.14 纳米技术对未来乳制品行业的影响

纳米科技在几乎所有领域都很有前景，包括乳制品行业。例如，纳米筛可以用来过滤奶酪生产所需的牛乳；通过发酵产生的微生物纤维素的纳米纤维也被用于开发新型纳米结构材料（Sekhon，2010）。此外，雪印乳业研究了纳米牛乳产品（铁—乳酪纳米颗粒）（Robinson 和 Morrison，2009）。

具有自清洁能力的纳米包装或纳米级过滤器有望在不煮沸的情况下去除牛乳或水中的所有细菌。亲脂化合物可能会被纳入食品或饮料，这将会增加成分的稳定性、适口性、可取性和生物活性（Sekhon，2010）。纳米技术通过提供不同类型的产品来支持乳制品行业，例如荷兰瓦格宁根大学借助纳米技术开发出了与可乐味道相似的纳米牛乳（Sekhon，2010）。

5.15 乳制品行业的现状与未来发展

为满足特殊需求，生产了低钠乳、乳糖水解乳和低脂乳等乳制品。其他乳制品，如超巴氏杀菌和培养的乳制品用以满足消费者对延长保质期和增加产品种类的要求（Speckmann，Brink 和 McBean，1981）。

预计未来也将有液体和浓缩牛乳、乳粉和牛乳蛋白等主要传统乳制品，以及奶油、黄油和黄油混合物等乳脂产品。然而，这些产品可能会有更多特殊的副产物，如地区性奶酪，种类和数量会更多。更高价值的营养和生物活性成分，包括乳清蛋白分离物、牛乳蛋白浓缩粉、乳铁蛋白、生物活性肽、乳清磷脂、初乳、糖脂和低聚糖，其产量可能都会增加（Augustin 等，2013）。人们还注意到脱水牛乳可以节省运输和冷藏成本。直接在农场汇集，可以减少运输和制冷成本，有助于提高乳品行业的环境可持续性（Augustin 等，2013），这对生产过程也有帮助（Fernández-Ginés 等，2005）。

不同大小的乳脂球由不同的极性脂质和脂肪酸组成，因此，可以选择小尺寸的乳脂球来实现特定的有益于健康的功能（Augustin 等，2013）。如果采用这种应用设计，消费者可以获得基于小尺寸乳脂球的产品，适合他们特定的健康或营养问题。

5.16 基于技术的乳制品工业的现状和未来发展

乳制品行业的部分产品种类及其生产工艺相对固定，但是不排除未来会出现新的生产工艺的可能。这些新的生产线更加节能，可以减轻日益增加的环境压力。此外，消费者的严格要求（如牛奶供应的可追溯性）是具有成本效益的，需要通过新型生产线和乳制品工厂实现（Augustin 等，2013）。乳制品行业的未来愿景旨在整合新方法以获得长期收入，其中包括过程干预（如减少碳排放或提高效率），以及一些几乎不产生废弃物和实现无水工厂的举措（Augustin 等，2013）。此外，食品加工领域日新月异的技术也有可能在未来被应用于乳制品工厂（Augustin 等，2013）。

2013 年 Augustin 等人解释道，新兴技术（如高压处理、高压均质、转谷氨酰胺酶的酶促交联、超声波处理和同步乳化）和一些通过结合不同方法产生的分馏或分离技术（如色谱和膜分离方法、脉冲电场和等离子体技术）在乳制品行业的潜在用途和应用具有预期的效果（例如对加工时间、产品可追溯性、更可持续的生产线和更有效的流水线等的影响）以及可以得到更好的产品（产品的感官、质地、芳香等特性得到提升）。

在未来，乳制品工厂虽然会保留一些传统的乳制品制造工艺（例如加热、均质、浓缩和干燥），但相比之前，效率会有所提高（Augustin 等，2013）。

乳制品制造行业如果想要打破传统的乳制品厂概念，需要进行全供应链评估。减少生产过程中的浪费是未来几年可持续乳制品生产的首要任务。农场加工便是减废、节水、节能的一种手段（Augustin 等，2013）。图 5-1 展示了预估设计的未来乳制品厂。

尽管电子鼻发展得还不是很完善，但它有可能被应用于过程控制、原材料质量控制、初级产品和终产品质量控制，以促进新产品的研发，并可以评估协同效应中的个别气味（Ampuero 和 Bosse，2003）。电子鼻在乳制品行业有多种应用，例如牛乳的老化和保质期预测、牛乳中的异味分类、牛乳中的细菌污染检测、乳酪品种鉴别和按成熟阶段划分乳制品和乳酪的地理来源（Ampuero 和 Bosset，2003）。在未来，电子鼻的另一个关键应用是乳制品的可追溯性（Augustin 等，2013）。随着 RFID（无线射频识别）传感器技术和互联网技术的发展，乳制品等食品行业的追溯应用会更加普遍。

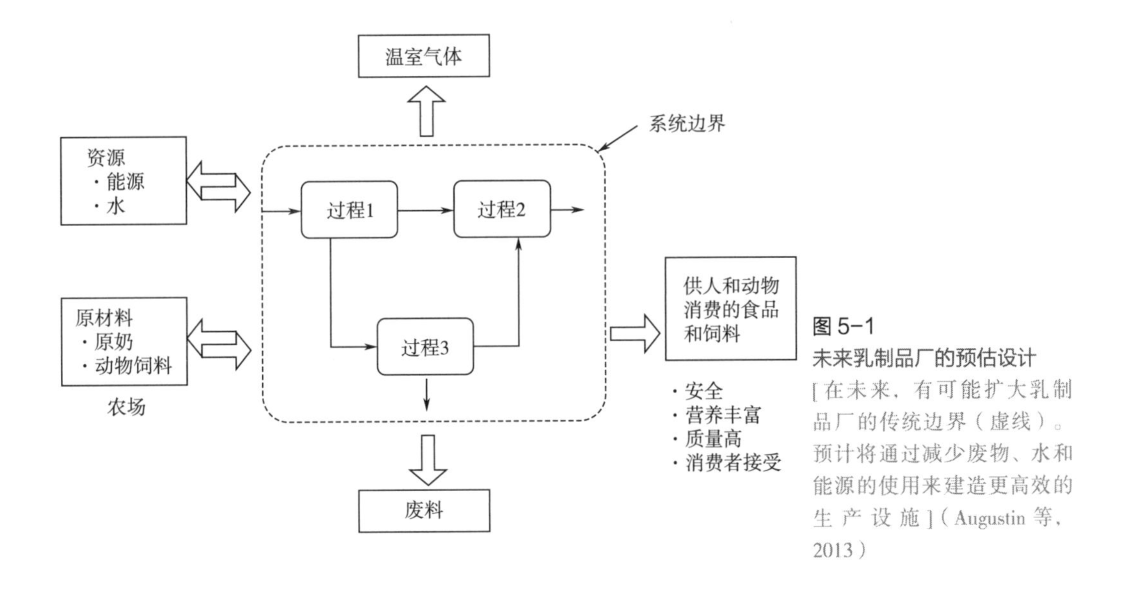

图 5-1
未来乳制品厂的预估设计
[在未来，有可能扩大乳制品厂的传统边界（虚线）。预计将通过减少废物、水和能源的使用来建造更高效的生产设施]（Augustin 等，2013）

5.17 乳制品的消费、生产现状和变化趋势

1981—2005 年，牛乳价格从 10 美元 /t 升高到 25 美元 /t。然而，在 2007 年，价格迅速上涨了 75%，超过 45 美元 /t（FAO，2010）。欧盟成员国和南亚国家是主要产牛乳区，其产量占全球牛乳产量的 44%。2002—2007 年，世界牛乳产量增长了 13%，其中大部分增长率是由中国、印度和巴基斯坦贡献的（FAO，2010）。

尽管乳制品消费和生产的增长率有所降低，但是这不影响它持续增长的趋势（FAO，2012）。预计牛乳产量将从 1999 年到 2001 年的 5.8 亿 t 增加到 2050 年的 10.43 亿 t（McMichael 等，2007）。根据 Kearney 在 2010 年的预测，全球黄油和奶酪消费量不会发生重大变化。

牛乳将成为未来最不稳定的农产品之一，原因是：（1）国际可用数量的微小变化对世界市场价格的强烈影响；（2）价格变动导致牛乳产量增加前的时间差；（3）需求对不断变化的乳制品价格的延迟反应（FAO，2010）。由于这些原因，未来的世界牛乳价格可能在 15 美元 /100kg 到 50 美元 /100kg 波动（FAO，2010）。表 5-4 显示了 1981—2050 年，牛乳和乳制品产量和消费量的变化情况预测。

表 5-4
牛乳和乳制品产业产品生产和消费的年平均增长率预测

	生产			消费		
	1981—2001	1999—2030	2030—2050	1981—2001	1999—2030	2030—2050
	年增长 /%					
发展中国家	3.7	2.5	1.4	3.4	2.5	1.3
东亚	6.4	3.0	0.6	5.5	2.7	0.7
拉丁美洲和加勒比地区	2.9	1.9	1.0	2.7	1.8	0.9
近东地区和北非	2.4	2.3	1.5	1.6	2.3	1.5
南亚	4.6	2.8	1.5	4.5	2.8	1.5
撒哈拉以南非洲	2.2	2.6	2.1	1.5	2.6	2.0
原中央计划经济国家	-2.1	0.1	-0.2	-2.3	0.1	-0.2
其他发达国家	0.3	0.5	0.2	0.3	0.4	0.2
全世界	0.8	1.4	0.9	0.8	1.4	0.9
非原中央计划经济国家	1.7	1.7	0.9	1.7	1.7	1.0

5.18 思考与展望

人口几乎呈指数级的增长促进城市化率在短时间内迅速提高。此外，全球变暖正在多方面威胁着畜牧业。在未来，肉制品和乳制品行业将受到很大的影响。

人口的增加使得人们对食品的需求量增大，特别是肉制品和乳制品。但是，如果找不到可持续性好和经济利用率高的生产方式，这些产品的价格未来可能会上涨。因此，科学家们开始通过替代方法来生产畜牧产品，如人造肉。不过，相关技术发展的不完善导致这种替代方法的成本过高。但即便如此，这项技术仍被视为有潜力的技术之一。还有其他一些技术在不断开发价值更高、质地更好、口味更佳的畜产品和更快的生产线。这些技术并非被全部应用于肉制品和乳制品行业，但不可否认的是，它们是具有潜力和未来的。

在未来，定制产品的生产可能会更加普遍。例如，一种乳制品同时含有维生素 A 和 B 族维生素，在特定温度下，只有维生素 A 被激活；在另一个特定温度下，只有 B 族维生素被激活，因此消费者可以根据自己的意愿将这种乳制品个性化定制。这可以为肉制品提供参考。很明显，未来的功能性食品对畜产品行业将更加重要。此外，随着定制产品的普及，更灵活的生产线和不同种类的产品将会出现。

在未来，一些特殊产品可能会比今天更受欢迎，如食用昆虫。由于很多人难以接受，它们也许不会被直接食用，但它们体内的蛋白质和脂肪可以被分离出来用于特定产品，这样会使人们更容易接受。

除了人造肉，人造乳制品也是可行的。尽管这类产品还有很漫长的发展过程，但它们在生产过程中消耗的天然资源是相对较少的（如水等），同时，它们对环境的危害也较小。因此，未来需要不断寻找相关的可持续性好的生产方式。

更重要的是，与过去相比，在外工作的女性数量增加，预计这种情况将持续下去。由于女性做饭的时间变少，使用方便、操作简单的产品（鸡块等类似产品）将得到广泛的应用。

纳米技术和基因工程是未来可能影响肉制品和乳制品行业的两个特定领域。这些技术将来或许不会直接用于食品，但可以间接用于包装。或许到 2100 年底，这两项技术可以直接用于肉制品和乳制品的生产，以获得更有价值、更有营养、更健康、保质期更长的产品。此外，在分子水平上设计的由系统合成的原子工程牛奶在将来可能会成为现实。2150 年，通过纳米技术的辅助，可能会构建出一个可持续的经济系统。

研究表明，肉制品可能更有营养。此外，改善后的肉制品不仅味道更好，还有助于解决健康问题。由于工作时间的延长，未来社会可能会消耗更多有益健康的即食肉制品。将来，人们希望在不引发健康问题的前提下，减少备餐和进餐时间。

总之，有许多因素可能会影响肉制品和乳制品行业的未来。我们应该仔细考虑这些因素可能会产生的影响。请记住，今天塑造未来，因此想要在未来获得更可持续、更合理的畜产品产业，涉及的所有因素都必须从现实的角度进行估计。根据本章的内容，人们食用的肉制品和乳制品可能比预测的要多。未来几十年还有可能出现更多种类的肉制品和乳制品。

第六章
未来食品与农业技术

→

Food and Agriculture Technologies in the Future

6.1 物联网

物联网（IoT）一词由 Kevin Ashton 于 1999 年首创。物联网可以提供一个基于技术构建的世界，其中包括一些通过计算改进电源和网络功能，进而发挥作用的“材料”，如传感器、日常用品和设备等（Tzounis 等，2017）。物联网是一个非常先进的科技集合，能够为农业现代化提供许多解决策略（Tzounis 等，2017）。

如今，物联网在农业领域并不常用。如果它被应用于农业，那它需要在许多方面进行生产参数优化。因此，农业领域的生产模型可能会从精确模型转变为微精确模型。自治系统仅对利益相关者有利——它们可以优化资源配置，并根据市场情况来管理生产，尽可能实现利润最大化和成本最小化。当农产品和食品供应链配备无线传感器网络（WSN）和 RFID 系统后，生产者就可以掌控产品生命周期的每个阶段，从而实现对不合格产品的自动溯源，以保证消费者通过透明的产品信息系统确保食品安全（Tzounis 等，2017）。

根据 Bradley，Barbier 和 Handler 在 2013 年的研究，2013—2022 年，物联网的价值可能会从最低 1 万亿美元增加到超过 15 万亿美元。这些价值不包括相关企业增加的收入、行业生产降低的成本和物联网引发的一般经济活动。物联网增加的大部分价值来自它引入工业和各类生产单元的生产过程中的灵活性、参数优化和精确性（Tzounis 等，2017）。然而，一些现实情况可能会破坏以技术和创新为基础的农业革命的愿景。例如，尽管使用廉价传感器的手机的使用量正在增加，但很多农民无法访问互联网，他们甚至买不起化肥和灌溉系统等产品。人们应该齐心协力，创建一个所有人都可以使用的数据驱动农学系统（Mehrabi，Jimenez 和 Jarvis，2018）。

受 WSN 技术的影响，农业部门将同样受益于物联网（Tzounis 等，2017）。此外，一些新兴技术（如大数据、野外机器人和新型传感技术等）已经被开发出来了，将会在农业和耕作方式的实质性改革中发挥作用（Mehrabi，Jimenez 和 Jarvis，2018）。

6.2 大数据

最近，使用大数据进行分析正在流行，这被认为是一个时代的开始。大数据的含义是超出数据集的常用程序的存储、管理和运行能力（Doğan 和 Arslantekin，2016）。

尽管大数据分析已经在许多领域被成功应用，但对于畜牧业和农业来说，它的应用才刚刚开始。根据估计，借助大数据分析，全球农作物的年利润将增加约 200 亿美元（Kamilaris，Kartakoullis 和 Prenafeta-Boldú，2017）。

大数据分析在农业中的应用包括（Kamilaris，Kartakoullis 和 Prenafeta-Boldú，2017）：

（1）天气和气候变化

（2）土地

（3）动物研究

（4）农作物

（5）土壤

（6）野草

（7）粮食供应和安全

（8）生物多样性

（9）农民决策

（10）农民保险与金融

（11）遥感

下面列出了农业大数据的一些问题和局限性（Kamilaris，Kartakoullis 和 Prenafeta-Boldú，2017）：

1. 在农业和食品行业会形成一些巨头垄断企业，这可能会导致农民对其依赖程度增加。

2. 农民会担心他们的相关农业活动信息被滥用。

3. 与发达国家相比，发展中国家获取技术（即计算能力、互联网带宽和复杂软件）较滞后且缺乏熟练的技术人员，这导致发展中国家和发达国家的大数据应用有所不同。

4. 大数据量的可视化仍然存在问题。

未来大数据分析可能改变的领域包括（Kamilaris，Kartakoullis 和 Prenafeta-Boldú，2017）：

（1）连锁经营者可以通过大数据平台获得高质量的产品和生产流程。

（2）农民可以使用更精确的系统来预测产量和市场需求。

（3）可以生产出更高效的肥料、杀虫剂和除草剂。

（4）通过提高供应链可追溯性，保证食品安全。

（5）高通量筛选技术可以准确、定量地分析植物与其环境之间的相互作用。

（6）自动农业机器人可以自动识别和清除杂草，这可能会改变农业运作方式、提高农业整体生产力。

尽管大数据尚未被广泛应用于农业，但它已经在其他许多方面引领着农业发展（Kamilaris，Kartakoullis 和 Prenafeta-Boldú，2017）。比如，一些农业实践（如遥感和物联网）正在促进“智慧农业”的发展。如果进一步开发大数据分析的软件、硬件、技术，优化相关的方法和实用性，大数据分析有望实现更智能的农业。大数据的应用除了可以提高农业生产力，还可以解决一些环境问题，促进粮食安全和农业可持续性生产（Kamilaris，Kartakoullis 和 Prenafeta-Boldú，2017）。一些用于某些应用程序（如天气预报、作物病虫害和动物疾病监测）的基础设施需要实时运行，这些需求说明了对数据存储和基础设施进行投资的必要性（Kamilaris，Kartakoullis 和 Prenafeta-Boldú，2017）。

其他的一些农业大数据应用包括基准测试、传感器部署和分析、预测建模以及使用改进的模型来评估作物欠收风险和提高畜牧生产中的饲料利用效率（Wolfert 等，2017）。

大数据有望解决一些全球关注的问题，例如食品安全、粮食风险、生产可持续性和产量的提高。因此，大数据应用的范围可能不仅包括农业，还包括整个供应链。例如，无线技术可以通过物联网连接农业和供应链中的各种设备，它的发展可能会产生许多可实时访问的数据（Wolfert 等，2017）。

6.3 智慧农场

智慧农业中，“智慧”（smart）的含义扩展为：（S）cientific、（M）arketable、（A）ffordable、（R）eliable 和（T）imesaving（Türker 等，2015）。智慧农业是一项进步，它强调的是信息和通信技术在网络物理农场管理周期中的使用。物联网和云计算等技术有望利用这一发展，在农业中引入更多机器人和人工智能技术（Wolfert 等，2017）。

在未来，机器人将扮演更加重要的角色，但是，这不代表机器人会控制整个过程。人类的分析和规划中将涉及越来越多的机器协助，从而使网络物理循环变得自主。人类可能会参与整个过程，但大部分的操作活动将留给机器（Wolfert 等，2017）。

智慧农业可以称为精准农业，因为智慧农业中包括精准农业（Türker 等，2015）。未来的精准农业应用包括（Türkeretal，2015）：

（1）自动传感器和自主应用

（2）以最高效率、最佳路线来规划需要执行的操作

（3）开发可以保护自然资源可持续性的机器和系统

（4）无线策略，例如远程监控和远程故障排除

（5）使用智能材料和机器

（6）根据收获量和产品种类工作的自控联合收割机

6.4 CRISPR-Cas9 技术及其在农业—食品工业中的应用前景

现代基因组修饰和基因组工程技术可以通过修饰现有基因或者将转基因定位整合到基因组中的特定位点来产生变异。基因组工程可以自主设计细胞的 DNA 修复途径和序列特异性核酸酶，以定位整合植物基因组中的任何 DNA 序列（Francis，Finer 和 Grotewold，2017）。

有研究表明，植物基因组可以通过修改天然基因而实现精确编辑，不需要额外引入遗传物质。这为快速利用自然变异、创造变异并整合变化以获得更高产和更有营养的植物提供了机会（Francis，Finer 和 Grotewold，2017）。

基因组工程的最近发现指出，CRISPR 系统是由细菌核酸酶 Cas9 介导的成簇规则间隔短回文重复序列。简而言之，CRISPR-Cas9 系统由两个部分组成，它们需要在同一植物细胞中表达才能实现基因编辑，即包括两部分：Cas9 核酸酶和与序列编辑同源的能把核酸酶引导到基因组中正确位置的向导 RNA（Francis，Finer 和 Grotewold，2017）。

在鉴别工业发酵剂培养细菌以改善牛乳发酵过程期间，大多数 CRISPR-Cas 系统的先行实践来自食品科学推动的研究（Selle 和 Barrangou，2015）。CRISPR-Cas 系统主要赋予细菌适应性免疫，在食用细菌的应用中具有广阔前景。主要的应用包括病原体的高分辨率分型、针对起始培养物为噬菌体的疫苗接种以及可选择性调节的特异性抗生素的起源细菌

种群组成的研究。事实上，来自这些DNA编码、RNA介导的DNA靶向系统的分子机制可以在自身宿主中被利用或者在工程系统中被重利用，以实现在与食物生产链相关的所有生物体中的大量应用。例如，农作物性状增强、牲畜育种、基于发酵的生产制造以及高质量、有益健康的下一代食品的开发。现在，CRISPR被应用在食品科学中，推动着从农场到餐桌的诸多领域的改革（Selle和Barrangou，2015）。

CRISPR-Cas9技术的简单性、灵活性、多功能性和高效率可能会使得未来的基因发现、功能基因组学和作物性状改进主要依赖于它（Liu等，2017）。

Selle和Barrangou在2015年的研究表明，CRISPR-Cas技术可能会成为许多食品研发的主力军，为食品行业开辟新天地。目前，CRISPR技术提供了一些有助于开发下一代强化食用微生物和益生菌的方法（Hidalgo-Cantabrana，O'Flaherty和Barrangou，2017）。实际上，CRISPR-Cas在乳酸菌、双歧杆菌和大多数人体微生物菌群中的应用很常见（Hidalgo-Cantabrana，O'Flaherty和Barrangou，2017）。到目前为止，II型CRISPR-Cas系统是研究最广泛的系统（Hidalgo-Cantabrana，O'Flaherty和Barrangou，2017）。除了合成型的具有改良特性的工业菌株和食品培养物，基于CRISPR的技术还可以缩短产品开发周期，降低改造的难度，提高改造效率，并减少与食品行业传统研发工作相关的时间和成本（Hidalgo Cantabrana，O'Flaherty和Barrangou，2017）。

提高CRISPR-Cas9系统的敲除效率有助于我们进一步理解功能基因组学，这可能会促进未来作物的改进（Liu等，2017）。科学家们发现的控制害虫和植物病原体的应用有助于植物的保护（Liu等，2017）。此外，基因工程能够解释植物细胞中的可以被利用的细菌或病毒抗原。理论上来说，转基因食品可以作为口服疫苗，通过黏膜刺激免疫系统产生抗体，进而发挥作用。一些作物（如水稻、玉米、马铃薯和大豆）是针对不同感染（包括大肠杆菌毒素、狂犬病病毒、幽门螺杆菌和乙型病毒性肝炎）的口服疫苗的主要研究对象（Zhang，Wohlhueter和Zhang，2016）。

6.5 无人机

无人机（UAV）已经被用于执行食品和农业中的一些任务（Goh等，2017），例如喷射杀虫剂和杀菌剂等物质（Lan等，2010）。支持无人机应用的精准农业技术包括全球定位系统、地理信息系统、土壤测绘、产量监测、养分管理、田间测绘、航拍、可控制速度和脉宽的新型喷嘴等(Lan 等,2010)。使用精密技术进行空中喷洒会大大提高杀虫剂的利用率,从而满足所有利益相关者,如环保主义者和农民（Lan 等，2010）。一家数据分析公司提供的无人机使用近红外图像来绘制大面积的不发达的种植园地图，该图像揭示了害虫或灌溉等问题（King，2017）。

人们开始选择使用无人机代替卡车运输大量食品和农产品，甚至选择无人机作为工厂内部的运输系统。无人飞行器和小型多旋桨无人机在食品和农业行业的前景一片光明，但是它们的部分性能（如效率和负载能力）仍需要升级改进。

6.6 思考与展望

以上提到的所有技术都是在过去十几年中通过计算科学的发展而发展起来的。展望未来，可以说这些技术将有无限的应用前景。但是，因为自然规律的客观性，这是不现实的。例如，在高速行驶时，由于运动过程中的摩擦损失、外部材料设计和耐用性、发动机性能等原因，汽车不能超过一定的速度限制。同样，物联网、智慧农业、无人机和 CRISPR 也有局限性。这些限制可以是由土壤的性质和食物的因素造成的,也可以是由人的因素造成的。

虽然具有这些局限性,以上技术的均衡发展仍可能会在农业和食品行业给我们带来更多惊喜。

第七章

特别章节：火星移民，太空食品，火星食品，火星组学和工业 M.0*

→

Special Chapter: The Next Big Migration to Mars, Space foods, Mars foods, Mars-omics and Industry M.0

注：*本特别章节由 Mustafa Bayram, Remziye Aşar, Çağlar Gökırmaklı 和 Vural Özdemir 编写。

我们已经学会了这个世界上我们能学到的大部分东西，因而需要一个新的飞跃。我们必须走出地球，在新的情况下学到新知识。在古代，由于气候变化、饥荒、人类好奇心和人口增长等原因，人类进行了关键性的迁移。我们目前的科学技术水平就是每次迁移促使人类学习新技能的结果。但我们现在更需要一个新的飞跃来进一步发展。在未来，人类将可能迁移到火星。在我们到那里生活之前，我们将通过模拟试验以适应火星生存。本书的这一章介绍了有关火星、火星组学和工业 M.0（火星工业）的知识。

气候变化对地球上生命的生存造成威胁，这增强了人们发展航天的兴趣，使我们能够到其他行星进行长期太空旅行，并可能实施太空农业。一个新的全球空间产业正在崛起。值得注意的是，与火星相关的技术也有可能实现快速创新。总之，在本章中，我们认为，虽然我们从地球上的生命和科学中学到了很多东西，但我们提出的星际食品工程要求我们以新的方式思考科学、不确定性和创新对社会的影响。例如，不确定性是一个意外事件，还是新兴技术和星际创新的一个组成部分？

此外，我们还解释了最近提出的一个概念——火星组学。火星组学提倡星际食品工程和太空农业，因为为了人类生存而前往其他行星的货运任务并不都是可行的。工业 M.0 作为火星上新工业的开端，也需要被关注，并从过去的两个世纪的工业 1.0 到工业 4.0 的经验中学习和创新。

7.1 介绍

2018 年 7 月，根据雷达数据表明，在火星南极的南极高原地区有一个 20km 宽的区域存在冰下液态水，可能是一个咸水湖。如果得到证实，这将是在这颗红色星球上寻找微生物生命的一个有希望的地方。

随着火星上的行星际科学和太空旅行的发展，值得注意的是地球引力的概念。迄今为止，牛顿方程 $F=m\times g$ 一直被用来解释重力。在这个方程中，$g\approx9.8\text{m/s}^2$，决定重力的结果。物理、化学反应，生物学、医学、空气动力学中都使用了“g”值。所有的物理和生物反应以及新陈代谢都发生在这种重力下。如果重力和大气条件发生变化，人类和植物生物学也随之发生变化，这将给星际食品工程和火星旅行带来新的不确定性。

事实上，地球上的所有系统都是根据 $g\approx9.8\text{m/s}^2$ 来存在和推演的。众所周知，在太空中短途旅行或长期生活都会改变新陈代谢、肌肉硬度、听力表现等生物活动。在古代，为了适应新的条件，人类的新陈代谢也发生了变化。当人类迁移到火星时，这无疑会给火星带来新的生物压力和变化。因此，所有的知识都应该重新更改，并在参考星际科学和工程的情况下重新表述。

在此，我们解释一个最近提出的概念——火星组学。这项系统级的研究涉及火星旅行和在火星上生活将如何影响人类健康，以及人类在火星上的生存如何通过太空农业等影响可能存在的生命形式（Bayram 等，2018）。

火星组学也将打开太空组学的大门。因前往其他行星的货运任务可能无法完成，人类生存得不到物质保障，火星组学提倡星际食品工程和太空农业。此外，在这方面，有必要介绍一下科学简史。1984 年，人们在南极洲发现了阿兰山 84001（ALH84001）陨石，由此产生了希望。1996 年，在陨石表面发现类似于细菌结构和微生物化合物的纳米级残留物化石（Kacar Arslan，2010；Öner，2013）。研究表明，这颗陨石距今 36 亿年，是因为 13000 年前一颗小行星或彗星撞击火星后坠落地球而形成。McKay 和他的同事在这块陨石上发现了类似的碳酸盐和细菌样本中的磁铁矿（氧化铁）链。这些结构占当今细菌总数的 1%~2%。尽管这些标本是否为细菌仍存在争议，但这被认为是火星上潜在生命形式的最重要的早期证据之一（McKay 等，1996；Öner，2013）。

火星是一个有价值的空间探索目标，因为它靠近地球，并且有可能存在生命。美国宇航局的长期计划中包括在未来 25 年内完成载人火星任务（Jäkel，2004）。此外，私营公司 SpaceX 开发了新一代火星旅行火箭，并于 2018 年进行了测试。虽然在此之前美国宇航局已经派出了一辆“火星车”来收集有关大气层和火星的数据，但它仍将是第一辆运输货物的工具。

人们普遍认为，火星是人类太空探索的下一个首选目的地。然而，评估这些任务的具体技术尚不成熟。人类火星任务不乏分析和建议；不过，大多数建议要么侧重于对预选架构的分析，要么为整个系统选择基线架构，然后在此背景下权衡各个架构决策（Ward 等，2016）。

7.2 火星组学

多组学是指科学、技术和创新的系统规模研究（Hekim 和 Ozdemir，2017）。例如，多组学研究领域调查了从基因组到蛋白质组再到代谢组以及其他方面的变异。这种跨越多种组学方法和生物途径的数据三角划分对于经受时间考验的科学发现和创新至关重要。人类，或任何生物有机体，不仅由基因组成，还包括其他分子和环境，社会和生物，它们对有机体产生影响，创造最终表型及其动态时空变化（Ozdemir 和 Springer，2018）。基因组学、蛋白质组学、代谢组学和糖组学等系统科学技术扩大了此类星际科学分析的范围和任务。在新的科学前沿领域，如火星组学，为组学技术的认识和使用奠定了基础（Bayram 和 Gökırmaklı，2018）。

然而，这些组学领域与地球有关，也就称之为地球组学。火星组学是另一个新的组学领域和知识前沿。如上所述，火星组学将包括所有组学系统（图 7-1）。火星上的新环境也需要新的研究。

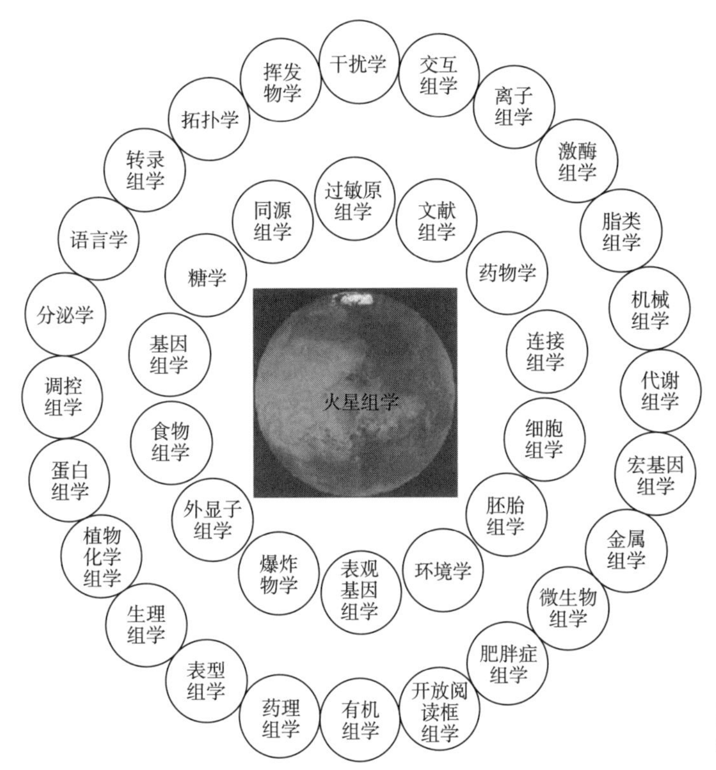

图 7-1
针对火星组学的地球组学学科清单

模拟也将是火星组学的有效技术。与地球组学相关的可用数据无法直接应用到火星组学，因此，需要新的模拟软件和方法来开发该领域。下一次向火星的大迁移对现有的每个学科来说都是一次新的技术飞跃。与此同时，新的社会生活规则也将得到发展。火星组学可能触发行星际规模的大数据和工业 M.0。

7.3 工业 M.0

工业 M.0 作为火星上新工业的开端，需要被关注，并从过去两个世纪的工业 1.0 到工业 4.0 的经验中学习和创新。

工业 1.0 始于 17 世纪 60 年代，建立在蒸汽动力和机械化以及从农村和农业生活向城市生活转变的基础上。随后，在过去的两个世纪里，工业 2.0、3.0 和 4.0 相继得到了发展。

火星旅行可能会引发新的工业兴起，我们称之为工业 M.0。这将由火星上已知和未知的环境决定。

7.4 火星环境

火星上的大气中含有 95% 的二氧化碳、2.7% 的氮气和 1.6% 的氩气。大气压力是地球的 3/5。地面风速为 0~33km/h，风暴速度约为 145 km/h。当地经常发生大规模沙尘暴。火星表面的平均温度是 –53℃，赤道正午的最高温度是 27℃，而两极的温度低至 –128℃。火星是椭圆形太阳系轨道的第四颗行星，与太阳的平均距离是 2.28 亿 km，公转周期为 687 天，自转周期为 24 小时 37 分，相当于大约 1.027 个地球日。轨道面和赤道面之间的夹角约为 24 度，因此出现了与地球相似的季节（Abdulhalim，2014）。灰尘是大气中光的主要散射体和吸收体，在火星大气动力学中起着关键作用（Arruego 等，2017）。火星的质量是

6.567×10^{23} kg，它的 g 值比地球上的 g 值小，为 3.72076m/s^2（Anonymous，2018a）。

长期以来，载人飞船发射到火星一直是火星探索的最终目标。Portree 在 2000 年写了一本书，其中包括 1950—2000 年制订的 50 项载人火星任务计划（Portree，2000）。人类需要大量的氧气、水和食物来维持生命（表 7-1）。这些消耗品不可避免地成为废物，如果不把它们回收，就需要把它们储存起来（Barta 和 Henninger，1994）。

表 7-1
非特殊活动日的全组乘员生命维持需求

消耗	千克 /（人 × 天）		废料	千克 /（人 × 天）	
气体		0.8	**气体**		1.0
氧气	0.84		二氧化碳	1.00	
液体		23.4	**液体**		23.7
饮水	1.62		尿液	1.50	
食品中的水分含量	1.15		汗液和呼出的水分	2.28	
食品加工用水	0.79		粪便中的水分	0.09	
洗澡和洗手用水	6.82		洗澡和洗手废水	6.51	
洗衣用水	12.50		洗衣废水	11.90	
小便用水	0.50		小便废水	0.50	
			潮湿冷凝水	0.95	
固体		0.6	**固体**		0.2
食物	0.62		尿	0.06	
			粪便	0.03	
			汗液	0.02	
			洗澡和洗手废水	0.01	
			洗衣废水	0.08	
总计		24.8	总计		24.9

注：数据来源于空间站自由控制要求，不包括纸张和塑料用品、肥皂、衣物、泄漏到太空的气体、维护系统所需的材料以及大量生命支持系统和电源硬件（Barta 和 Henninger，1994）。

我们必须考虑到空间中银河系的宇宙辐射和太阳粒子风这两个主要辐射源（Jäkel，2004）。银河宇宙辐射（GCR）由重荷电粒子的等离子体构成，其中含有从氢到镍的原子核。它可能是在超新星爆炸中产生的，并被银河系中的水磁效应加速到高能，然后被星系间磁场输送到太阳系。太阳粒子风（SPE）与地球磁层相互作用，并对辐射带中的粒子起作用。

与地球相比，火星有一个 16cm 厚度的稀薄二氧化碳大气层，磁层没有办法捕获粒子。此外，GCR 比地球高出约 10%。在太阳辐射最大值时，火星表面的辐射水平约为每年 100 mSv。由于受到 GCR 的强烈影响，剂量水平在太阳辐射最低值时增加（Jäkel，2004）。

7.4.1 火星上的辐射

紫外线辐射是火星上生命类型和分布的一个控制因素，因为火星靠近太阳，并且缺少可导致紫外线衰减的大气层。与现在的地球相比，火星表面有强度相对较高的紫外线，这表明，如果火星生物群开始进化，紫外线辐射将是火星生物群进化的一个重要因素。因此，紫外线效应阻碍了搜寻火星上的生命，特别是潜在地方的生命（Rothschild 和 Cockell，1999）。

紫外线辐射对生物体，尤其是藻类、植物和人类的影响越来越受到关注。紫外线辐射的生理效应包括诱导非黑色素瘤皮肤癌、抑制光合作用的光反应和暗反应、抑制氮代谢、抑制固氮酶活性、抑制异质细胞形成、降低运动能力以及增加人体中的黑色素和蓝藻中的丝菌素等紫外线屏蔽色素的合成。在细菌中，紫外线辐射可以抑制细菌的硝化和反硝化，因而可以抑制氧化亚氮的排放。户外紫外线有可能减少一些两栖动物的数量，同时还影响生态系统，有助于珊瑚漂白和水生生态系统的某些变化（Rothschild 和 Cockell，1999）。

7.4.2 火星上的供水

人类生存所需的水量约为每人每小时 0.6kg，其中包括用于饮用、卫生和日常生活的水。火星大气中含有 0.03% 的水。使用类似于火星大气资源回收系统的大气处理系统，提取大气中 0.02kg/（小时 × 人）的水是可行的（Ralphs 等，2015）。

有数据表明，火星表面存在流动的液体。我们很自然地假设这种液体是水，但是，最大的困难是水在火星上会结冰（Yung 和 Pinto，1978）。

在向火星试航的任务中，为美国火星参考实验室的生命支持系统提供水，华盛顿大学已经设计了一个原位资源利用系统。该系统称为水蒸气吸附反应器，是通过在 3A 型沸石分子筛床上吸附来自火星大气中的水蒸气。水蒸气吸附反应器的关键是使用一种强亲水性结晶硅酸铝作沸石的分子筛吸附剂，这种沸石常用于工业除湿器。其过程如图 7-2 所示。火星大气通过灰尘过滤器被吸入系统，过滤后的气体通过吸附床去除水蒸气，一旦床层达到饱和，水蒸气从床层解吸、冷凝，再通过管道输送至存储器。该设计的主要部件为：过滤器、吸附床、风机、解吸装置、床旋转机构、冷凝器和主动控制系统（Grover 等，1998）。

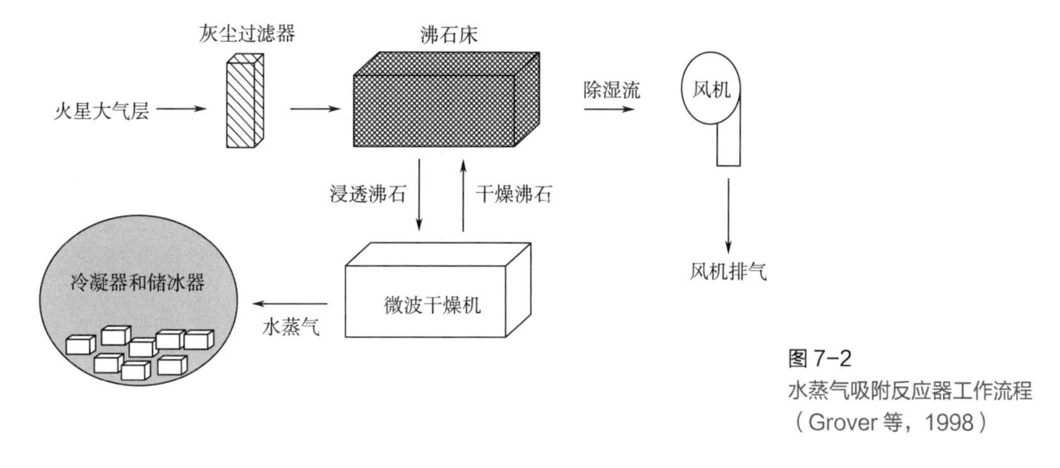

图 7-2
水蒸气吸附反应器工作流程（Grover 等，1998）

7.4.3 火星上的氧气供应

火星氧 ISRU 实验（MOXIE）是美国宇航局设计出的火星 2020 探测车的有效载荷。MOXIE 可以通过电解固体氧化物（SOXE）从火星大气中产生氧气（图 7-3）（Meyen 等，2016）。MOXIE 是一个 1% 比例的氧气处理厂模型，可以生产火星飞行器所需的氧气，因而促使人类能够在 21 世纪 30 年代探索火星。其本质上是一个能量转换系统，它从火星 2020 探测车的放射性同位素热电发电机中获取能量，并最终转换出氧气和一氧化碳分子并储存能量。MOXIE 的基本单位是一个细胞，通过高温电解 CO_2 产生氧气。净化学反应为：

$$2CO_2 \rightarrow COect_2 \text{（1）}$$

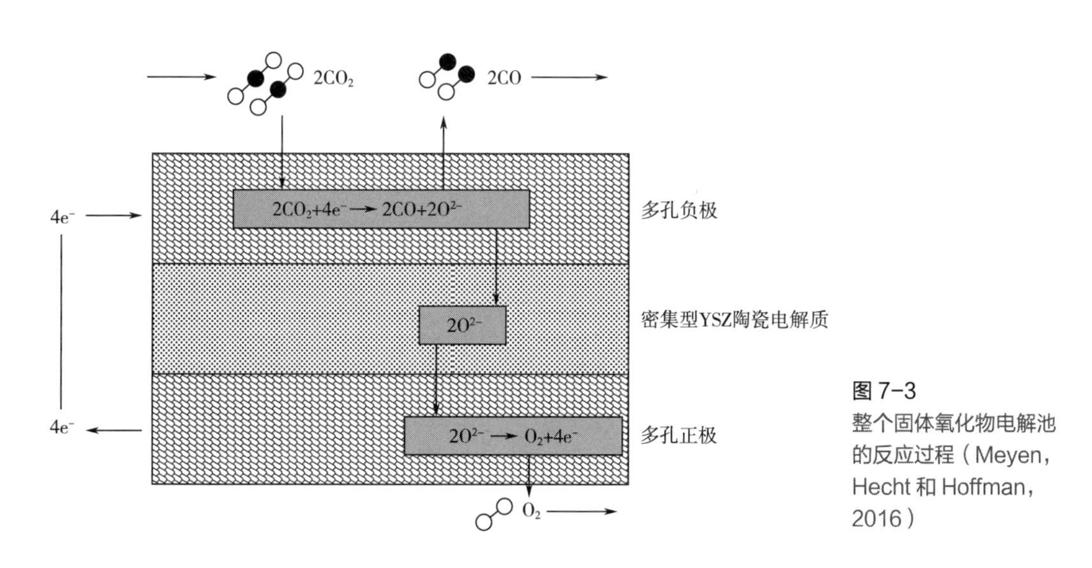

图 7-3
整个固体氧化物电解池的反应过程（Meyen，Hecht 和 Hoffman，2016）

7.4.4 微生物处理

在过去几十年中，火星因最有希望成为第二个地球而备受关注。无论是过去还是现在，生命都可能在火星上产生，而且极有可能是微生物。液态水的可用性和持续时间是火星微生物产生的最重要限制因素（Bauermeister 等，2014）。

火星的食物在仓库货架上储存。为了达到稳定性，食品在地面加工过程中会经历微生物失活。尽管按照商业无菌标准对包装食品进行处理可以提供一个安全的食品系统，但这种加工水平会降低食品的营养含量和可接受性（Cooper 等，2011）。

7.5 火星任务的食品系统

美国宇航局于 1978 年启动了控制生态维持生命系统的计划，以开发一种维持生物再生的模型，该模型可使用植物和微生物作为主要再利用组分，提供食物、饮用水和可呼吸的大气等基本需求。

1994 年，NASA 将封闭式生命支持系统（CELSS）专家和营养师召集在一起，为作物选择和素食食谱提供指导，从而为高等植物研究提供以食物为中心的方向。表 7-2 中列出的作物是他们研究后一致同意的结果（Barta 和 Henninger，1994；Cooper 等，2011）。

表 7-2
NASA CELSS 推荐的食用植物

谷物	根茎类 / 块茎类	蔬菜	种子类	豆科植物	果类	调味植物
小麦	红薯	西蓝花	油菜籽	大豆	草莓	洋葱
大米	白薯	甘蓝	葵花籽	花生	甜瓜	大蒜
燕麦	甜菜	瑞士甜菜	花生	扁豆		辣椒
藜麦		雪豆	大豆	鹰嘴豆		
小米		卷心菜		小扁豆		
高粱		菜豆		豇豆		

续表

谷物	根茎类 / 块茎类	蔬菜	种子类	豆科植物	果类	调味植物
亚麻籽		生菜				
		胡萝卜				
		核桃				
		南瓜				
		蘑菇				
		西红柿				
		墨西哥带皮番茄				

7.5.1 当前任务

目前，食品供应仅由包装食品构成，例如，可再水化食品、热稳定食品、冷冻食品、天然食品、辐照食品和延长保质期的面包产品。食物通过运输工具送到太空的成本太高，因此，研究的重点是在火星上生产和加工食品，而不是把食物运输到太空。对火星进行模拟来调查一些植物对火星大气和环境是否适应。食品加工是一个重要的环节，干燥、烹饪、蒸发、加热等操作尤其重要，所以这些应该首先在火星上进行模拟。图 7-4 显示了火星表面重新配置的生命支持系统的架构（Czupalla 等，2004；Cooper 等，2011）。

当食物在太空中被消耗时，（1）对于美国宇航员来说，苹果酱要用包装设计符合要求、不污染机舱的铝管包装。（2）水星号宇航员配备有小方块、冻干粉末和装在铝管中的半流体食物。此外，冷冻干燥食品很难再水化，因此必须注意防止碎屑污染仪器。（3）压缩食品作为早期太空食品系统的一个重要组成部分，是由谷类食品经高压加工而成的。一层明胶涂层包裹着一个小方块，用来防止碎屑污染机舱，最初用铝箔包装，后来改为透明塑料层压板。（4）脱水食品最先通过零重力喂食器（图 7-5）被食用，该喂食器是一种在一端插入水中并在另一端通过大管子进食的装置。进食过程中，进食者无法闻到食物的气味，而且食物大小仅能进入口腔（Bourland，1993）。

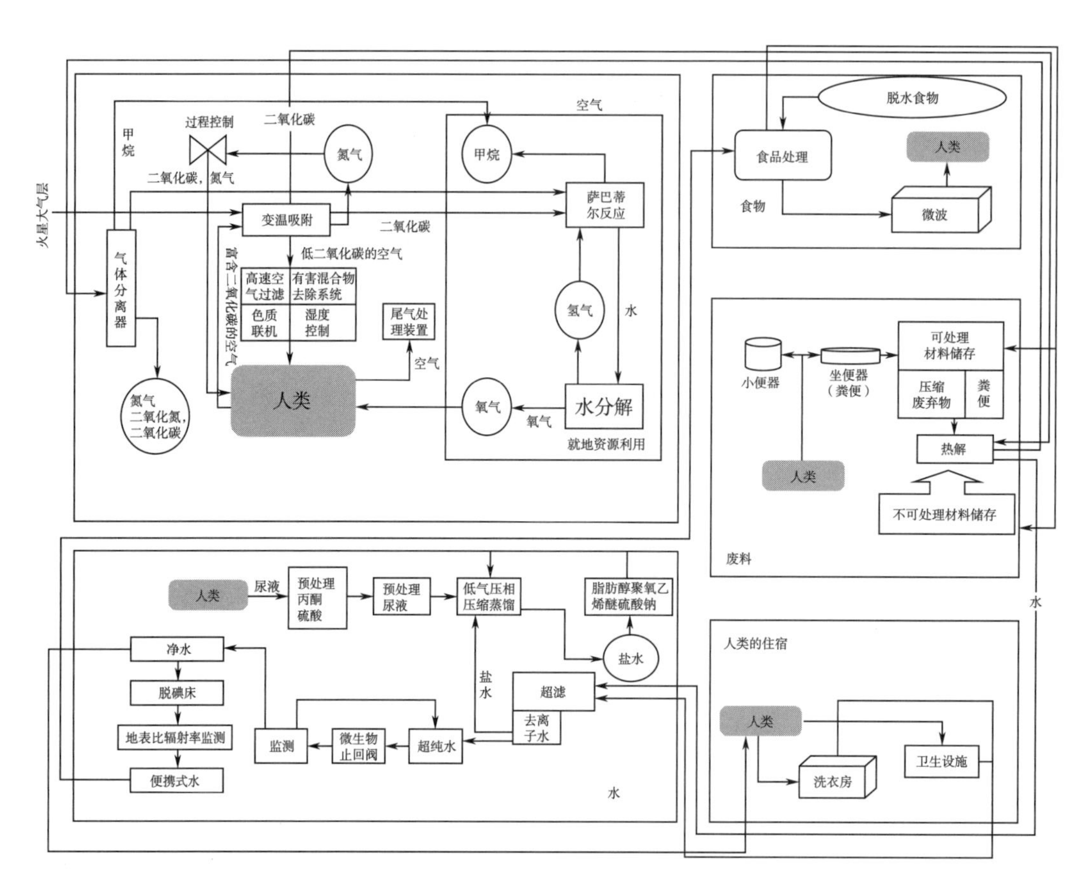

图 7-4

火星表面栖息地重新配置的生命支持系统架构（Czupalla 等，2004；Cooper， Douglas 和 Perconok，2011）

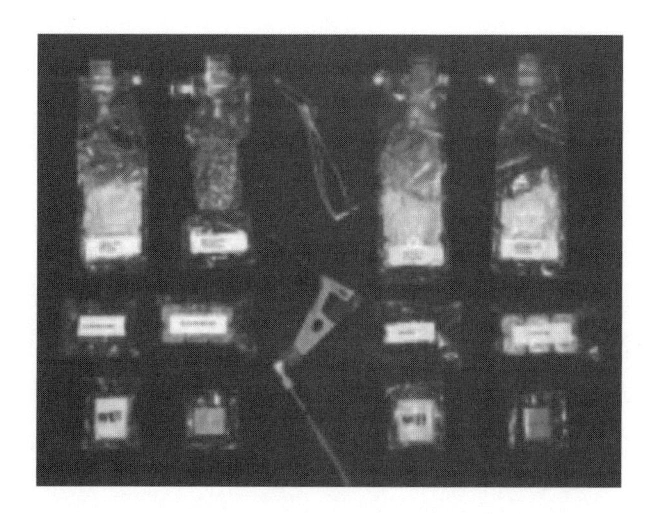

图 7-5

经过脱水处理并包装在玻璃纸中供双子座宇航员食用的食物样品类型（Casaburri 和 Gardner，1999）

7.5.2 未来使命

如何运用作物的就地生产和空间食品加工，来实现长期空间任务的自给自足是一直讨论的问题（Cooper 等，2012）。

运输散装食品时，美国航空航天局优先考虑食品在储存过程中变质的问题，此外，随着时间的推移，储存在地球上的食品会变质——火星上也存在影响散装食品保质期的其他因素，如辐射（Perconok 等，2012）。

从商业无菌预包装食品供应到流动食品供应，这一变化引入了微生物污染的风险。生物再生食品系统被认为是一种高端微生物食品系统（Perconok 等，2012）。

美国宇航局的 AFT 项目团队正在调查火星表面部分生物再生食品系统的可行性。新鲜水果和蔬菜以及其他食品可以在环境控制室中水培种植。其他原材料可以在地球上批量加工成食用原料。这些加工后的原料、新鲜水果和蔬菜以及其他包装食品和配料都可用于在火星厨房中做饭（French 和 Perconok，2006；Perconok 等，2012）。

另一个针对火星的任务是土耳其加济安泰普大学工程学院食品工程系研究的“火星食品工厂任务”（MFPM）。MFPM 是工业 M.0 中对火星上植物食品加工系统进行模拟的一部分。在不久的将来，人类移民到火星上将需要大量的食物，同时与在地球上一样，也需要食用植物。在本项目中，根据火星上的条件来确定食品工厂布局的设计（Bayram 和 Asar，2018）。根据第一个栖息地的选址确定火星上植物的选址。此外，还设计了一个对与火星有关的食品加工过程进行预试验的实验室。这项研究的标志是罗马战神马尔斯的铜像，在 1999—2000 年的一次古城泽格马发掘活动中发现了它（图 7-6）。这尊雕像代表了古城别墅厨房中最有趣、最壮观的发掘之一，因此，它被设定为 MFPM 的标志。

此外，本项目还开展食品加工过程的模拟。模拟将提供火星的实验和模型结果。地球上的实验结果也将被修改并模拟火星的环境。

图 7-6
MFPM（火星食品工厂任务）的标志

昆虫富含蛋白质，因此被认为是火星上食物的选择之一。此外，藻类是火星栖息地的另一种食物来源。

7.6 火星探测系统的模拟

模拟，是一种随着时间的推移对现实世界的过程或系统的运行控制，被广泛用于不同的目的。模型代表系统本身，而仿真代表系统随时间的运行情况。它被用于许多环境中，如性能优化技术模拟，技术转让、放大或缩小，安全工程，测试，培训，教育和视频游戏。模拟还用于自然系统或人类系统的科学建模，以方便深入了解其功能。它可以用来显示替代条件和行动方案的最终实际效果。当实际系统因无法访问、具潜在危险或不可接受、正在设计而尚未建成或者可能根本不存在时，也可使用该方法（Ruiz Ledesma 和 Gutiérrez García，2013）。模拟可以用来解决问题和设计火星上的生活方式，成为工业 M.0 的一部分。

人们对火星环境进行了一些模拟。例如，在太空植物生长室中提供照明的两种主要方法是电照明或太阳能照明。电灯提供了对生长室中植物可用光的强度和光周期的实时控制。然而，尽管有这些优点，电照明仍然是一种需要电力的消耗品。太阳能照明只需要更少的电力且热成本低，这让它成为在生长室中提供光的更有优势的选择。然而，太阳能发电获取自然光依赖于火星环境，尤其受到火星天气的影响，因此其稳定性和效率不如电照明（Perconok 等，2012）。

除了照明外，太空植物生长室中植物周围环境的大气成分也极其重要。已观察到二氧化碳分压超过 0.4 kPa 对某些植物有负面影响；然而，需要更多的研究来探索这种现象背后的原因。室内种植作物的营养品质对于确保食品系统的成功也非常重要（Perconok 等，2012）。

埃隆 · 马斯克的火星任务是第一次旨在移民并在火星上定居的项目之一。第一次任务的目标将是确认水资源位置和确定投入初始功率、采矿和生命支持基础设施的危害。第二次任务是 2024 年建造一个为未来的机组飞行做准备的仓库。这些最初任务中的飞船也将成为我们第一个火星基地的起点，我们可以在此基础上建设一座繁荣的城市，并最终在火星上建立一个自给自足的文明。（Anonymous，2017b）

另一个项目是阿拉伯联合酋长国的火星任务。此任务将研究低层大气的气候、周期和行为是如何影响氧和氢从高层大气逸出的。科学团队希望发现氢、氧元素为什么会分散到太空中。探测器将研究大气每日和季节的变化，火星科学界将获得有关火星天气的新见解，例如著名的沙尘暴。在地球上，沙尘暴是短暂和局部的；在火星上，大量的红色尘埃风暴会吞噬整个星球。因此，这项研究将为全球科学界关于火星的最紧迫问题提供答案（Anonymous，2017a）。

文献中有大量有关实验研究和数学建模的信息，这些信息通常是在地球环境下获得的，可以按照火星的条件进行镜像模拟并得到结果。今天可以获得有关火星的重要数据。例如，可以尽快使用建模和仿真技术，而不是进行实验。这种方法还将使现有数据翻一番。一些与地球有关的数据可以为火星或其他行星重新生成。在工程学方面，模拟是一种众所周知的技术，而这种知识和技术可以应用到其他学科，例如，医学、生物、医药等，用于火星研究。再比如，药物的效果、化学品在体内的抗性或有效性、植物的行为和全息学研究都是可以进行模拟的。

第八章
2050 年能量与食物需求量的计算

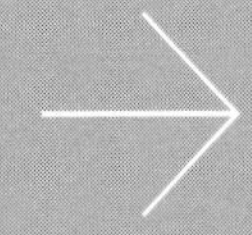

Determination of Calorie and Food Quantity Requirement for the Year 2050

世界人口增长的同时，粮食需求也将同步增长。因此，基于食品的能源和粮食需求是未来食品需要研究的主要问题。本章以 2050 年为参考时间，介绍了一种推测能源和粮食需求的计算方法。

8.1 世界人口的计算

根据联合国关于出生死亡率和人口增长率的预测（联合国，2015 年）来计算 2050 年的世界人口。使用 DPT 模型（2002）预测未来人口，见式（8-1）：

$$P = P_n \times \mathrm{r}^{\mathrm{a}} \tag{8-1}$$

其中，P 是人口，r^{a} 是基于式（8-2）的人口增长率的反对数，P_n 是最新的世界人口统计数，式（8-2）：

$$e^{n.r} = {}^{P(t_2)}\!/\!_{P(t_1)} \tag{8-2}$$

其中，r 值是人口增长率两年之间的差值（例如，1990—2010 年）。r 值由历史人口增长趋势确定。P（t_1）和 P（t_2）分别表示 t_1（1990）和 t_2（2010）对应的人口增长率。

使用式（8-3）计算以食物为基础的人口所需总能量。

$$TE = P \cdot C \tag{8-3}$$

其中，TE 是世界人口所需总能量，P 是世界总人口数，C 是平均分配给所有人口的能量值。此外，TE 是一个动态值，随时间变化，因为总人口数（P）随时间变化。根据联合国（2015）提出的数据纠正并验证表 8-1 中的数值。

表 8-1
2030—2050 年的世界人口数量预测

年份	人口数量	年份	人口数量
2030	8,500,766,000	2041	9,153,750,000
2031	8,558,151,000	2042	9,215,543,000
2032	8,615,924,000	2043	9,277,754,000
2033	8,674,087,000	2044	9,340,384,000
2034	8,732,642,000	2045	9,403,438,000
2035	8,791,593,000	2046	9,466,917,000
2036	8,850,942,000	2047	9,530,825,000
2037	8,910,691,000	2048	9,595,164,000
2038	8,970,844,000	2049	9,659,937,000
2039	8,970,844,000	2050	9,725,148,000
2040	9,092,370,000		

8.2 总人口能量需求的计算

每日常规饮食能量摄入值来自 WHO（1974）和 Anon（2016b）（表 8-2）。所有年龄组的能量摄入均选择中等活跃度和平均值（表 8-2）。通过数据计算平均能量需求，0~14 岁、15~59 岁和 60 岁以上年龄段的平均能量需求分别为 2067.5kcal/（d × 人）、2661.7kcal/（d × 人）和 2133.3kcal/（d × 人）。

将表 8-2 中的平均值分别乘以三个年龄组的人口数以计算所需总能量值。表 8-3 给出了 2050 年每个年龄组与总人口的比率，该比率由联合国（2015 年）提供的数据计算得出。

表 8-2
不同年龄段的女性和男性所需要的平均能量

各年龄阶段的能量需求					
年龄阶段	0~14 岁	年龄阶段	15~59 岁	年龄阶段	60 岁以上
<1	820	15~16（男性）	2900	60~65（男性）	2400
1~3	1360	17~19（男性）	3070	>66（男性）	2200
4~6	1830	20~59（男性）	3000	>60（女性）	1800
7~9	2190	15~16（女性）	2490		
10~12（男性）	2600	17~19（女性）	2310		
13~14（男性）	2900	20~59（女性）	2200		
10~12（女性）	2350				
13~14（女性）	2490				
平均（kcal/d）	2067.5		2661.7		2133.3

表 8-3
2050 年各年龄阶段人口的比例

年龄阶段	年份 2050/%
0~14	21.3
14~59	57.2
>60	21.5
合计	100

8.3 基于不同饮食配方中的碳水化合物、蛋白质和脂质计算能量和食物的需求

世界各地食品的日均消费统计数据（每日常规饮食形式）来自粮农组织的报告（粮农

组织，2011）（表 8-4）。根据粮农组织（2011 年）的数据，每日常规能量需求为 2870kcal/（d × 人）。此外，粮农组织（2011 年）也给出了人们常规的食物组成份额（表 8-4）。表 8-4 中列出了常规饮食的食品消费百分比份额计算结果。

表 8-5 中列出了不同食品的能量值（Demirci，2005）。碳水化合物、蛋白质和脂类的能量值（kcal/g）分别记为 4kcal/g、4kcal/g 和 9kcal/g（Group，2009）。运用这些数据来计算不同年份所需的食品数量。

表 8-6 中列出了预测使用的不同饮食食谱 / 配方。在饮食配方中，碳水化合物（C）、蛋白质（P）和脂质（L）的比例从 0 到 100 变化（其中，一些配方是极端的，不能使用）。

计算方法如图 8-1 所示。

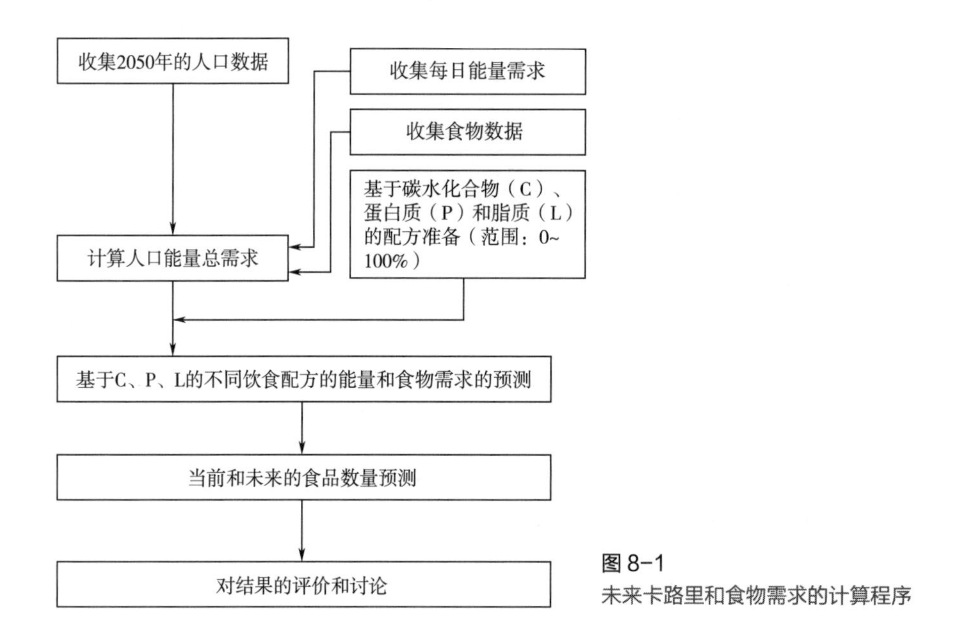

图 8-1
未来卡路里和食物需求的计算程序

表 8-4
世界范围内食品的日平均消费份额（日常饮食）

食品类型	每日能量份额 kcal/（d × 人）	常规饮食的食品消耗比例 /%
谷类食品	1296.0	45.16
淀粉类根茎	141.0	4.91
糖类	230.0	8.01
豆类	65.0	2.26
油料作物	57.0	1.99
植物油	278.0	9.69

续表

食品类型	每日能量份额 kcal/（d × 人）	常规饮食的食品消耗比例 /%
蔬菜	93.0	3.24
水果	94.0	3.28
肉类	231.0	8.05
动物脂肪	61.0	2.13
蛋类	35.0	1.22
奶类	139.0	4.84
鱼类	34.0	1.18
其他	116.0	4.04
合计	2870.0	100.0

表 8-5
食品能量表

食品分类	食品名称	能量 /（kcal/100g）	平均能量 /（kcal/100g）	平均能量 /(kcal/g）
谷类	小麦粉，405 型	325	312.1	3.121
	小麦粉，1050 型	326		
	小麦粉，1700 型	305		
	小麦粗粉	324		
	黑麦粉，815 型	322		
	黑麦粉，1150 型	320		
	黑麦粉，1800 型	292		
	燕麦	368		
	玉米淀粉	350		
	大米（抛光）	347		
	大米（未抛光）	348		
	面条	357		
	面包	240		
	全麦面包	200		
	夹心面包	275		
	白吐司	260		
	咸饼干	348		
植物油 / 油脂	植物黄油	900	900.0	9.000
动物脂肪	黄油	735	806.0	8.060
	原味黄油	877		

续表

食品分类	食品名称	能量 /（kcal/100g）	平均能量 /（kcal/100g）	平均能量 /(kcal/g）
含淀粉的根茎	土豆	70	70.0	0.700
其他	蜂蜜	300	189.1	1.891
	冰淇淋	204		
	牛乳巧克力	534		
	白葡萄酒	69		
	红葡萄酒	77		
	香槟	83		
	可乐型饮料	57		
糖	糖	404	404.0	4.040
豆类	豌豆和烘干豌豆	262	300.3	3.003
	烘干扁豆	318		
	烘干大豆	312		
水果	苹果	54	49.7	0.497
	杏	44		
	梨	55		
	樱桃	63		
	酸樱桃	54		
	桃子	42		
	桃子罐头	69		
	葡萄	68		
	橙子	43		
	香蕉	89		
	柑橘	46		
	西柚	38		
	黑莓	44		
	草莓	32		
	蓝莓	37		
	覆盆子	34		
	红醋栗	33		

根据饮食食谱 / 配方（表 8-6）、表 8-2 和表 8-3 中的数据以及每年的总人口，计算各年龄组的总能量需求。根据碳水化合物、蛋白质和脂类，确定食物的数量，例如 2050 年总能量需求的计算。

表 8-6
基于碳水化合物（C）、蛋白质（P）和脂质（L）的不同食谱模型

C/%	P/%	L/%	C/%	P/%	L/%	C/%	P/%	L/%
0	0	100	10	40	50	30	60	10
10	0	90	20	40	40	40	60	0
20	0	80	30	40	30	0	70	30
30	0	70	40	40	20	10	70	20
40	0	60	50	40	10	20	70	10
50	0	50	60	40	0	30	70	0
60	0	40	0	50	50	0	80	20
70	0	30	10	50	40	10	80	10
80	0	20	20	50	30	20	80	0
90	0	10	30	50	20	0	90	10
100	0	0	40	50	10	10	90	0
0	10	90	50	50	0	0	100	0
10	10	80	0	60	40			
20	10	70	10	60	30			
30	10	60	20	60	20			
40	10	50	30	60	10			
50	10	40	40	60	0			
60	10	30	0	70	30			
70	10	20	10	70	20			
80	10	10	20	70	10			
90	10	0	30	70	0			
0	20	80	0	80	20			
10	20	70	10	80	10			
20	20	60	20	80	0			
30	20	50	0	90	10			
40	20	40	10	90	0			
50	20	30	0	100	0			
60	20	20	20	40	40			
70	20	10	30	40	30			
80	20	0	40	40	20			
0	30	70	50	40	10			
10	30	60	60	40	0			
20	30	50	0	50	50			
30	30	40	10	50	40			
40	30	30	20	50	30			
50	30	20	30	50	20			
60	30	10	40	50	10			
70	30	0	50	50	0			
0	40	60						

在计算碳水化合物、蛋白质和脂质的量时，首先将总能量值与配方比例相乘来计算其能量值（TC_c：碳水化合物的总能量，TC_p：蛋白质的总能量，TC_L：脂质的总能量）。然后，使用 C、P 和 L 的单位能量值 [它们的平均能量值，例如 1g 碳水化合物、蛋白质和脂质分别有 4kcal、4kcal 和 9kcal 的能量（Group，2009）] 以及 TC_c、TC_p 和 TC_L 值来计算碳水化合物（M_c）、蛋白质（M_p）和脂质（M_l）的量。

8.4 当前和未来食品数量的预测

食品的日消耗量是从粮农组织获得的 2011 年每日能量份额。这些数值由 2011 年世界各地的日均消费趋势转换为消费比例（表 8-4），再乘以 2050 年的总卡路里值。表 8-5 中列出了每日所需不同类型食物的卡路里值，这些卡路里值除以每个食物组的平均卡路里值（表 8-5），得出 g/d、kg/d、t/d 和 t/ 年的值。

8.5 2030—2050 年人口增长率和世界人口的计算

使用式（8-1）和式（8-2）计算世界人口增长率“r”，从而进一步计算 2030—2050 年的世界人口。

$$e^{20r} = \frac{9725148}{8500766}$$

$$e^{20r} = 1.144031961355012$$

$$r = \frac{\ln(1.144031961355012)}{20}$$

2030—2050 年 $r = 0.006727941540736435$。年人口增长率为：$e^{0.006727941540736435} = 1.0067506249818452$。

表 8-1 根据这一年人口增长率计算 2030—2050 年的世界人口。这里计算出的 2050 年世界人口数继续用于下一步的计算。

8.6 能量需求

使用式（8-3）计算 2050 年的世界能量需求量。分别计算每个年龄组的能量需求（基于碳水化合物、蛋白质和脂质的总能量需求），然后计算所需的食品量（表 A.1~ A.3）。

2050 年食品需求量和不同饮食类型的食品消费量如表 8-7 和表 8-8 所示。在计算中，使用表 8-6 中列出的公式。根据计算，2050 年世界能量需求量为 2.35×10^{13}kcal/d。

由于某些估算的复杂性，应考虑不同类型的饮食（表 8-6），这里不考虑这些饮食类型对健康的影响（例如，在一个估算中，所有的人都会从脂类中获得所有的能量，但这是不健康且不实际的）。实际的日常饮食配方中，可通过使用粮农组织（2011 年）的数据和每人每日能量需求（2870kcal）计算出碳水化合物、蛋白质和脂类的比例分别约为 70 %、20 % 和 10 %。每人每日能量需求（2870kcal）可以用来计算碳水化合物（451.25 g/d）、蛋白质（80.49 g/d）和脂类（82.56 g/d）的份额，分别为 73.5%、13.1% 和 13.4%。

根据食品消费的趋势，未来饮食中的蛋白质比例将增加。因此，其比例应为理想饮食的 20%。例如，如果一个人的饮食在 2050 年以 70% 的碳水化合物、20% 的蛋白质和 10% 的脂类为基础，这将需要全世界所有人每天从碳水化合物、蛋白质和脂类中分别获得 1.65×10^{13}kcal、4.71×10^{12}kcal 和 2.35×10^{12}kcal 的能量。也就是说，全世界的人每年将分别需要 1.50×10^{9} t、4.30×10^{8} t 和 9.55×10^{7} t 的碳水化合物、蛋白质和脂类。

表 A.1
以热量（kcal/d）和数量（t/y）为基础，根据不同食品类型，计算 0~14 岁年龄组 2050 年的食物消耗量

2050 年		基于 C、P 和 L 的每日净值比率 /%			日总热量 /（kcal/d）			数量 /（t/y）		
世界人口数量（0~14 岁）	0~14 岁儿童卡路里需要量（kcal/d）	C	P	L	TC_C	TC_P	TC_L	Mc	Mp	M_L
2,071,456,524,000	4.28E+12	0	0	100	0.0	0.0	4.28E+12	0.0	0.0	4.76E+11
		10	0	90	4.28E+11	0.0	3.85E+12	1.07E+11	0.0	4.28E+11
		20	0	80	8.57E+11	0.0	3.43E+12	2.14E+11	0.0	3.81E+11
		30	0	70	1.28E+12	0.0	3.00E+12	3.21E+11	0.0	3.33E+11
		40	0	60	1.71E+12	0.0	2.57E+12	4.28E+11	0.0	2.86E+11
		50	0	50	2.14E+12	0.0	2.14E+12	5.35E+11	0.0	2.38E+11
		60	0	40	2.57E+12	0.0	1.71E+12	6.42E+11	0.0	1.90E+11
		70	0	30	3.00E+12	0.0	1.28E+12	7.49E+11	0.0	1.43E+11
		80	0	20	3.43E+12	0.0	8.57E+11	8.57E+11	0.0	9.52E+10
		90	0	10	3.85E+12	0.0	4.28E+11	9.64E+11	0.0	4.76E+10
		100	0	0	4.28E+12	0.0	0.0	1.07E+12	0.0	0.0
		0	10	90	0.0	4.28E+11	3.85E+12	0.0	1.07E+11	4.28E+11
		10	10	80	4.28E+11	4.28E+11	3.43E+12	1.07E+11	1.07E+11	3.81E+11
		20	10	70	8.57E+11	4.28E+11	3.00E+12	2.14E+11	1.07E+11	3.33E+11
		30	10	60	1.28E+12	4.28E+11	2.57E+12	3.21E+11	1.07E+11	2.86E+11
		40	10	50	1.71E+12	4.28E+11	2.14E+12	4.28E+11	1.07E+11	2.38E+11
		50	10	40	2.14E+12	4.28E+11	1.71E+12	5.35E+11	1.07E+11	1.90E+11
		60	10	30	2.57E+12	4.28E+11	1.28E+12	6.42E+11	1.07E+11	1.43E+11
		70	10	20	3.00E+12	4.28E+11	8.57E+11	7.49E+11	1.07E+11	9.52E+10

续表

2050 年		基于 C、P 和 L 的每日净值比率 /%			日总热量 /（kcal/d）			数量 /（t/y）		
世界人口数量（0~14 岁）	0~14 岁儿童卡路里需要量（kcal/d）	C	P	L	TC_C	TC_P	TC_L	Mc	Mp	M_L
2,071,456,524,000	4.28E+12	80	10	10	3.43E+12	4.28E+11	4.28E+11	8.57E+11	1.07E+11	4.76E+10
		90	10	0	3.85E+12	4.28E+11	0.0	9.64E+11	1.07E+11	0.0
		0	20	80	0.0	8.57E+11	3.43E+12	0.0	2.14E+11	3.81E+11
		10	20	70	4.28E+11	8.57E+11	3.00E+12	1.07E+11	2.14E+11	3.33E+11
		20	20	60	8.57E+11	8.57E+11	2.57E+12	2.14E+11	2.14E+11	2.86E+11
		30	20	50	1.28E+12	8.57E+11	2.14E+12	3.21E+11	2.14E+11	2.38E+11
		40	20	40	1.71E+12	8.57E+11	1.71E+12	4.28E+11	2.14E+11	1.90E+11
		50	20	30	2.14E+12	8.57E+11	1.28E+12	5.35E+11	2.14E+11	1.43E+11
		60	20	20	2.57E+12	8.57E+11	8.57E+11	6.42E+11	2.14E+11	9.52E+10
		70	20	10	3.00E+12	8.57E+11	4.28E+11	7.49E+11	2.14E+11	4.76E+10
		80	20	0	3.43E+12	8.57E+11	0.0	8.57E+11	2.14E+11	0.0
		0	30	70	0.0	1.28E+12	3.00E+12	0.0	3.21E+11	3.33E+11
		10	30	60	4.28E+11	1.28E+12	2.57E+12	1.07E+11	3.21E+11	2.86E+11
		20	30	50	8.57E+11	1.28E+12	2.14E+12	2.14E+11	3.21E+11	2.38E+11
		30	30	40	1.28E+12	1.28E+12	1.71E+12	3.21E+11	3.21E+11	1.90E+11
		40	30	30	1.71E+12	1.28E+12	1.28E+12	4.28E+11	3.21E+11	1.43E+11
		50	30	20	2.14E+12	1.28E+12	8.57E+11	5.35E+11	3.21E+11	9.52E+10
		60	30	10	2.57E+12	1.28E+12	4.28E+11	6.42E+11	3.21E+11	4.76E+10
		70	30	0	3.00E+12	1.28E+12	0.0	7.49E+11	3.21E+11	0.0
		0	40	60	0.0	1.71E+12	2.57E+12	0.0	4.28E+11	2.86E+11
		10	40	50	4.28E+11	1.71E+12	2.14E+12	1.07E+11	4.28E+11	2.38E+11

续表

2050 年		基于 C、P 和 L 的每日净值比率 /%			日总热量 / （kcal/d）			数量 / （t/y）		
世界人口数量（0~14 岁）	0~14 岁儿童卡路里需要量（kcal/d）	C	P	L	TC_C	TC_P	TC_L	Mc	Mp	M_L
2,071,456,524,000	4.28E+12	20	40	40	8.57E+11	1.71E+12	1.71E+12	2.14E+11	4.28E+11	1.90E+11
		30	40	30	1.28E+12	1.71E+12	1.28E+12	3.21E+11	4.28E+11	1.43E+11
		40	40	20	1.71E+12	1.71E+12	8.57E+11	4.28E+11	4.28E+11	9.52E+10
		50	40	10	2.14E+12	1.71E+12	4.28E+11	5.35E+11	4.28E+11	4.76E+10
		60	40	0	2.57E+12	1.71E+12	0.0	6.42E+11	4.28E+11	0.0
		0	50	50	0.0	2.14E+12	2.14E+12	0.0	5.35E+11	2.38E+11
		10	50	40	4.28E+11	2.14E+12	1.71E+12	1.07E+11	5.35E+11	1.90E+11
		20	50	30	8.57E+11	2.14E+12	1.28E+12	2.14E+11	5.35E+11	1.43E+11
		30	50	20	1.28E+12	2.14E+12	8.57E+11	3.21E+11	5.35E+11	9.52E+10
		40	50	10	1.71E+12	2.14E+12	4.28E+11	4.28E+11	5.35E+11	4.76E+10
		50	50	0	2.14E+12	2.14E+12	0.0	5.35E+11	5.35E+11	0.0
		0	60	40	0.0	2.57E+12	1.71E+12	0.0	6.42E+11	1.90E+11
		10	60	30	4.28E+11	2.57E+12	1.28E+12	1.07E+11	6.42E+11	1.43E+11
		20	60	20	8.57E+11	2.57E+12	8.57E+11	2.14E+11	6.42E+11	9.52E+10
		30	60	10	1.28E+12	2.57E+12	4.28E+11	3.21E+11	6.42E+11	4.76E+10
		40	60	0	1.71E+12	2.57E+12	0.0	4.28E+11	6.42E+11	0.0
		0	70	30	0.0	3.00E+12	1.28E+12	0.0	7.49E+11	1.43E+11
		10	70	20	4.28E+11	3.00E+12	8.57E+11	1.07E+11	7.49E+11	9.52E+10
		20	70	10	8.57E+11	3.00E+12	4.28E+11	2.14E+11	7.49E+11	4.76E+10

续表

2050 年		基于 C、P 和 L 的每日净值比率 /%			日总热量 /（kcal/d）			数量 /（t/y）		
世界人口数量（0~14 岁）	0~14 岁儿童卡路里需要量（kcal/d）	C	P	L	TC_C	TC_P	TC_L	Mc	Mp	M_L
2,071,456,524,000	4.28E+12	30	70	0	1.28E+12	3.00E+12	0.0	3.21E+11	7.49E+11	0.0
		0	80	20	0.0	3.43E+12	8.57E+11	0.0	8.57E+11	9.52E+10
		10	80	10	4.28E+11	3.43E+12	4.28E+11	1.07E+11	8.57E+11	4.76E+10
		20	80	0	8.57E+11	3.43E+12	0.0	2.14E+11	8.57E+11	0.0
		0	90	10	0.0	3.85E+12	4.28E+11	0.0	9.64E+11	4.76E+10
		10	90	0	4.28E+11	3.85E+12	0.0	1.07E+11	9.64E+11	0.0
		0	10	0	0.0	4.28E+12	0.0	0.0	1.07E+12	0.0

注：C：碳水化合物，P：蛋白质，L：脂质，TC_C：碳水化合物总能量，TC_P：蛋白质总能量，TC_L：脂质总能量，M_P：蛋白质质量，M_C：碳水化合物质量，M_L：脂质质量。

表 A.2
以热量（kcal/d）和数量（t/y）为基础，根据不同食品类型，计算 15~59 岁年龄组 2050 年的食物消耗量

2050 年		基于 C、P 和 L 的每日净值比率 /%			日总热量 /（kcal/d）			数量 /（t/y）		
世界人口数量（15~59 岁）	15~59 岁人群卡路里需要量（kcal/d）	C	P	L	TC_C	TC_P	TC_L	Mc	Mp	M_L
5,562,784,656,000	1.48E+13	0	0	100	0.0	0.0	1.48E+13	0.0	0.0	1.65E+12
		10	0	90	1.48E+12	0.0	1.33E+13	3.70E+11	0.0	1.48E+12
		20	0	80	2.96E+12	0.0	1.18E+13	7.40E+11	0.0	1.32E+12
		30	0	70	4.44E+12	0.0	1.04E+13	1.11E+12	0.0	1.15E+12

续表

2050年		基于C、P和L的每日净值比率/%			日总热量/（kcal/d）			数量/（t/y）		
世界人口数量（15~59岁）	15~59岁人群卡路里需要量（kcal/d）	C	P	L	TC_C	TC_P	TC_L	Mc	Mp	M_L
5,562,784,656,000	1.48E+13	40	0	60	5.92E+12	0.0	8.88E+12	1.48E+12	0.0	9.87E+11
		50	0	50	7.40E+12	0.0	7.40E+12	1.85E+12	0.0	8.23E+11
		60	0	40	8.88E+12	0.0	5.92E+12	2.22E+12	0.0	6.58E+11
		70	0	30	1.04E+13	0.0	4.44E+12	2.59E+12	0.0	4.94E+11
		80	0	20	1.18E+13	0.0	2.96E+12	2.96E+12	0.0	3.29E+11
		90	0	10	1.33E+13	0.0	1.48E+12	3.33E+12	0.0	1.65E+11
		100	0	0	1.48E+13	0.0	0.0	3.70E+12	0.0	0.0
		0	10	90	0.0	1.48E+12	1.33E+13	0.0	3.70E+11	1.48E+12
		10	10	80	1.48E+12	1.48E+12	1.18E+13	3.70E+11	3.70E+11	1.32E+12
		20	10	70	2.96E+12	1.48E+12	1.04E+13	7.40E+11	3.70E+11	1.15E+12
		30	10	60	4.44E+12	1.48E+12	8.88E+12	1.11E+12	3.70E+11	9.87E+11
		40	10	50	5.92E+12	1.48E+12	7.40E+12	1.48E+12	3.70E+11	8.23E+11
		50	10	40	7.40E+12	1.48E+12	5.92E+12	1.85E+12	3.70E+11	6.58E+11
		60	10	30	8.88E+12	1.48E+12	4.44E+12	2.22E+12	3.70E+11	4.94E+11
		70	10	20	1.04E+13	1.48E+12	2.96E+12	2.59E+12	3.70E+11	3.29E+11
		80	10	10	1.18E+13	1.48E+12	1.48E+12	2.96E+12	3.70E+11	1.65E+11
		90	10	0	1.33E+13	1.48E+12	0.0	3.33E+12	3.70E+11	0.0
		0	20	80	0.0	2.96E+12	1.18E+13	0.0	7.40E+11	1.32E+12
		10	20	70	1.48E+12	2.96E+12	1.04E+13	3.70E+11	7.40E+11	1.15E+12
		20	20	60	2.96E+12	2.96E+12	8.88E+12	7.40E+11	7.40E+11	9.87E+11
		30	20	50	4.44E+12	2.96E+12	7.40E+12	1.11E+12	7.40E+11	8.23E+11

续表

2050 年		基于 C、P 和 L 的每日净值比率 /%			日总热量 /（kcal/d）			数量 /（t/y）		
世界人口数量（15~59 岁）	15~59 岁人群卡路里需要量（kcal/d）	C	P	L	TC_C	TC_P	TC_L	Mc	Mp	M_L
5,562,784,656,000	1.48E+13	40	20	40	5.92E+12	2.96E+12	5.92E+12	1.48E+12	7.40E+11	6.58E+11
		50	20	30	7.40E+12	2.96E+12	4.44E+12	1.85E+12	7.40E+11	4.94E+11
		60	20	20	8.88E+12	2.96E+12	2.96E+12	2.22E+12	7.40E+11	3.29E+11
		70	20	10	1.04E+13	2.96E+12	1.48E+12	2.59E+12	7.40E+11	1.65E+11
		80	20	0	1.18E+13	2.96E+12	0.0	2.96E+12	7.40E+11	0.0
		0	30	70	0.0	4.44E+12	1.04E+13	0.0	1.11E+12	1.15E+12
		10	30	60	1.48E+12	4.44E+12	8.88E+12	3.70E+11	1.11E+12	9.87E+11
		20	30	50	2.96E+12	4.44E+12	7.40E+12	7.40E+11	1.11E+12	8.23E+11
		30	30	40	4.44E+12	4.44E+12	5.92E+12	1.11E+12	1.11E+12	6.58E+11
		40	30	30	5.92E+12	4.44E+12	4.44E+12	1.48E+12	1.11E+12	4.94E+11
		50	30	20	7.40E+12	4.44E+12	2.96E+12	1.85E+12	1.11E+12	3.29E+11
		60	30	10	8.88E+12	4.44E+12	1.48E+12	2.22E+12	1.11E+12	1.65E+11
		70	30	0	1.04E+13	4.44E+12	0.0	2.59E+12	1.11E+12	0.0
		0	40	60	0.0	5.92E+12	8.88E+12	0.0	1.48E+12	9.87E+11
		10	40	50	1.48E+12	5.92E+12	7.40E+12	3.70E+11	1.48E+12	8.23E+11
		20	40	40	2.96E+12	5.92E+12	5.92E+12	7.40E+11	1.48E+12	6.58E+11
		30	40	30	4.44E+12	5.92E+12	4.44E+12	1.11E+12	1.48E+12	4.94E+11
		40	40	20	5.92E+12	5.92E+12	2.96E+12	1.48E+12	1.48E+12	3.29E+11
		50	40	10	7.40E+12	5.92E+12	1.48E+12	1.85E+12	1.48E+12	1.65E+11
		60	40	0	8.88E+12	5.92E+12	0.0	2.22E+12	1.48E+12	0.0
		0	50	50	0.0	7.40E+12	7.40E+12	0.0	1.85E+12	8.23E+11

续表

2050 年		基于 C、P 和 L 的每日净值比率 /%			日总热量 /（kcal/d）			数量 /（t/y）		
世界人口数量（15~59 岁）	15~59 岁人群卡路里需要量（kcal/d）	C	P	L	TC_C	TC_P	TC_L	Mc	Mp	M_L
5,562,784,656,000	1.48E+13	10	50	40	1.48E+12	7.40E+12	5.92E+12	3.70E+11	1.85E+12	6.58E+11
		20	50	30	2.96E+12	7.40E+12	4.44E+12	7.40E+11	1.85E+12	4.94E+11
		30	50	20	4.44E+12	7.40E+12	2.96E+12	1.11E+12	1.85E+12	3.29E+11
		40	50	10	5.92E+12	7.40E+12	1.48E+12	1.48E+12	1.85E+12	1.65E+11
		50	50	0	7.40E+12	7.40E+12	0.0	1.85E+12	1.85E+12	0.0
		0	60	40	0.0	8.88E+12	5.92E+12	0.0	2.22E+12	6.58E+11
		10	60	30	1.48E+12	8.88E+12	4.44E+12	3.70E+11	2.22E+12	4.94E+11
		20	60	20	2.96E+12	8.88E+12	2.96E+12	7.40E+11	2.22E+12	3.29E+11
		30	60	10	4.44E+12	8.88E+12	1.48E+12	1.11E+12	2.22E+12	1.65E+11
		40	60	0	5.92E+12	8.88E+12	0.0	1.48E+12	2.22E+12	0.0
		0	70	30	0.0	1.04E+13	4.44E+12	0.0	2.59E+12	4.94E+11
		10	70	20	1.48E+12	1.04E+13	2.96E+12	3.70E+11	2.59E+12	3.29E+11
		20	70	10	2.96E+12	1.04E+13	1.48E+12	7.40E+11	2.59E+12	1.65E+11
		30	70	0	4.44E+12	1.04E+13	0.0	1.11E+12	2.59E+12	0.0
		0	80	20	0.0	1.18E+13	2.96E+12	0.0	2.96E+12	3.29E+11
		10	80	10	1.48E+12	1.18E+13	1.48E+12	3.70E+11	2.96E+12	1.65E+11
		20	80	0	2.96E+12	1.18E+13	0.00E+00	7.40E+11	2.96E+12	0.0
		0	90	10	0.0	1.33E+13	1.48E+12	0.0	3.33E+12	1.65E+11
		10	90	0	1.48E+12	1.33E+13	0.0	3.70E+11	3.33E+12	0.0
		0	100	0	0.0	1.48E+13	0.0	0.0	3.70E+12	0.0

注：C：碳水化合物，P：蛋白质，L：脂质，TC_C：碳水化合物总能量，TC_P：蛋白质总能量，TC_L：脂质总能量，M_P：蛋白质质量，M_C：碳水化合物质量，M_L：脂质质量。

表 A.3
以热量（kcal/d）和数量（t/y）为基础，根据不同食品类型，计算 60 岁以上年龄组 2050 年的食物消耗量

2050 年		基于 C、P 和 L 的每日净值比率 /%			日总热量 /（kcal/d）			数量 /（t/y）		
世界人口数量（60 岁以上）	60 岁以上人群卡路里需要量（kcal/d）	C	P	L	TC_C	TC_P	TC_L	Mc	Mp	M_L
2,090,906,820,000	4.46E+12	0	0	100	0.0	0.0	4.46E+12	0.0	0.0	4.96E+11
		10	0	90	4.46E+11	0.0	4.01E+12	1.12E+11	0.0	4.46E+11
		20	0	80	8.92E+11	0.0	3.57E+12	2.23E+11	0.0	3.96E+11
		30	0	70	1.34E+12	0.0	3.12E+12	3.35E+11	0.0	3.47E+11
		40	0	60	1.78E+12	0.0	2.68E+12	4.46E+11	0.0	2.97E+11
		50	0	50	2.23E+12	0.0	2.23E+12	5.58E+11	0.0	2.48E+11
		60	0	40	2.68E+12	0.0	1.78E+12	6.69E+11	0.0	1.98E+11
		70	0	30	3.12E+12	0.0	1.34E+12	7.81E+11	0.0	1.49E+11
		80	0	20	3.57E+12	0.0	8.92E+11	8.92E+11	0.0	9.91E+10
		90	0	10	4.01E+12	0.0	4.46E+11	1.00E+12	0.0	4.96E+10
		100	0	0	4.46E+12	0.0	0.0	1.12E+12	0.0	0.0
		0	10	90	0.0	4.46E+11	4.01E+12	0.0	1.12E+11	4.46E+11
		10	10	80	4.46E+11	4.46E+11	3.57E+12	1.12E+11	1.12E+11	3.96E+11
		20	10	70	8.92E+11	4.46E+11	3.12E+12	2.23E+11	1.12E+11	3.47E+11
		30	10	60	1.34E+12	4.46E+11	2.68E+12	3.35E+11	1.12E+11	2.97E+11

续表

2050 年		基于 C、P 和 L 的每日净值比率 /%			日总热量 /（kcal/d）			数量 /（t/y）		
世界人口数量（60 岁以上）	60 岁以上人群卡路里需要量（kcal/d）	C	P	L	TC_C	TC_P	TC_L	Mc	Mp	M_L
2,090,906,820,000	4.46E+12	40	10	50	1.78E+12	4.46E+11	2.23E+12	4.46E+11	1.12E+11	2.48E+11
		50	10	40	2.23E+12	4.46E+11	1.78E+12	5.58E+11	1.12E+11	1.98E+11
		60	10	30	2.68E+12	4.46E+11	1.34E+12	6.69E+11	1.12E+11	1.49E+11
		70	10	20	3.12E+12	4.46E+11	8.92E+11	7.81E+11	1.12E+11	9.91E+10
		80	10	10	3.57E+12	4.46E+11	4.46E+11	8.92E+11	1.12E+11	4.96E+10
		90	10	0	4.01E+12	4.46E+11	0.0	1.00E+12	1.12E+11	0.0
		0	20	80	0.0	8.92E+11	3.57E+12	0.0	2.23E+11	3.96E+11
		10	20	70	4.46E+11	8.92E+11	3.12E+12	1.12E+11	2.23E+11	3.47E+11
		20	20	60	8.92E+11	8.92E+11	2.68E+12	2.23E+11	2.23E+11	2.97E+11
		30	20	50	1.34E+12	8.92E+11	2.23E+12	3.35E+11	2.23E+11	2.48E+11
		40	20	40	1.78E+12	8.92E+11	1.78E+12	4.46E+11	2.23E+11	1.98E+11
		50	20	30	2.23E+12	8.92E+11	1.34E+12	5.58E+11	2.23E+11	1.49E+11
		60	20	20	2.68E+12	8.92E+11	8.92E+11	6.69E+11	2.23E+11	9.91E+10
		70	20	10	3.12E+12	8.92E+11	4.46E+11	7.81E+11	2.23E+11	4.96E+10
		80	20	0	3.57E+12	8.92E+11	0.0	8.92E+11	2.23E+11	0.0
		0	30	70	0.0	1.34E+12	3.12E+12	0.0	3.35E+11	3.47E+11
		10	30	60	4.46E+11	1.34E+12	2.68E+12	1.12E+11	3.35E+11	2.97E+11

续表

2050 年		基于 C、P 和 L 的每日净值比率 /%			日总热量 /（kcal/d）			数量 /（t/y）		
世界人口数量（60 岁以上）	60 岁以上人群卡路里需要量（kcal/d）	C	P	L	TC_C	TC_P	TC_L	Mc	Mp	M_L
2,090,906,820,000	4.46E+12	20	30	50	8.92E+11	1.34E+12	2.23E+12	2.23E+11	3.35E+11	2.48E+11
		30	30	40	1.34E+12	1.34E+12	1.78E+12	3.35E+11	3.35E+11	1.98E+11
		40	30	30	1.78E+12	1.34E+12	1.34E+12	4.46E+11	3.35E+11	1.49E+11
		50	30	20	2.23E+12	1.34E+12	8.92E+11	5.58E+11	3.35E+11	9.91E+10
		60	30	10	2.68E+12	1.34E+12	4.46E+11	6.69E+11	3.35E+11	4.96E+10
		70	30	0	0.0	0.0	4.46E+12	0.0	0.0	4.96E+11
		0	40	60	4.46E+11	0.0	4.01E+12	1.12E+11	0.0	4.46E+11
		10	40	50	8.92E+11	0.0	3.57E+12	2.23E+11	0.0	3.96E+11
		20	40	40	1.34E+12	0.0	3.12E+12	3.35E+11	0.0	3.47E+11
		30	40	30	1.78E+12	0.0	2.68E+12	4.46E+11	0.0	2.97E+11
		40	40	20	2.23E+12	0.0	2.23E+12	5.58E+11	0.0	2.48E+11
		50	40	10	2.68E+12	0.0	1.78E+12	6.69E+11	0.0	1.98E+11
		60	40	0	3.12E+12	0.0	1.34E+12	7.81E+11	0.0	1.49E+11
		0	50	50	3.57E+12	0.0	8.92E+11	8.92E+11	0.0	9.91E+10
		10	50	40	4.01E+12	0.0	4.46E+11	1.00E+12	0.0	4.96E+10
		20	50	30	4.46E+12	0.0	0.0	1.12E+12	0.0	0.0
		30	50	20	0.0	4.46E+11	4.01E+12	0.0	1.12E+11	4.46E+11

续表

2050年		基于C、P和L的每日净值比率/%			日总热量/（kcal/d）			数量/（t/y）		
世界人口数量（60岁以上）	60岁以上人群卡路里需要量（kcal/d）	C	P	L	TC_C	TC_P	TC_L	Mc	Mp	M_L
2,090,906,820,000	4.46E+12	40	50	10	4.46E+11	4.46E+11	3.57E+12	1.12E+11	1.12E+11	3.96E+11
		50	50	0	8.92E+11	4.46E+11	3.12E+12	2.23E+11	1.12E+11	3.47E+11
		0	60	40	1.34E+12	4.46E+11	2.68E+12	3.35E+11	1.12E+11	2.97E+11
		10	60	30	1.78E+12	4.46E+11	2.23E+12	4.46E+11	1.12E+11	2.48E+11
		20	60	20	2.23E+12	4.46E+11	1.78E+12	5.58E+11	1.12E+11	1.98E+11
		30	60	10	2.68E+12	4.46E+11	1.34E+12	6.69E+11	1.12E+11	1.49E+11
		40	60	0	1.78E+12	2.68E+12	0.0	4.46E+11	6.69E+11	0.0
		0	70	30	0.0	3.12E+12	1.34E+12	0.0	7.81E+11	1.49E+11
		10	70	20	4.46E+11	3.12E+12	8.92E+11	1.12E+11	7.81E+11	9.91E+10
		20	70	10	8.92E+11	3.12E+12	4.46E+11	2.23E+11	7.81E+11	4.96E+10
		30	70	0	1.34E+12	3.12E+12	0.0	3.35E+11	7.81E+11	0.0
		0	80	20	0.0	3.57E+12	8.92E+11	0.0	8.92E+11	9.91E+10
		10	80	10	4.46E+11	3.57E+12	4.46E+11	1.12E+11	8.92E+11	4.96E+10
		20	80	0	8.92E+11	3.57E+12	0.0	2.23E+11	8.92E+11	0.0
		0	90	10	0.0	4.01E+12	4.46E+11	0.0	1.00E+12	4.96E+10
		10	90	0	4.46E+11	4.01E+12	0.0	1.12E+11	1.00E+12	0.0
		0	100	0	0.0	4.46E+12	0.0	0.0	1.12E+12	0.0

注：C：碳水化合物，P：蛋白质，L：脂质，TC_C：碳水化合物总能量，TC_P：蛋白质总能量，TC_L：脂质总能量，M_P：蛋白质质量，M_C：碳水化合物质量，M_L：脂质质量。

表 8-7
2050 年的食物需求量（基于 kcal、g、kg 和 t）

食品类型	每日总热量 /kcal	食品消耗率 /%	食品的能值 /(kcal/g)	全球总热量需求量 /（kcal/d）	食品总量	
					t/d	t/y
谷物食品	2.35E+13	45.16	3.12	10,600,000,000,000.0	3,410,000.0	1,240,000,000.0
淀粉类根茎		4.91	0.70	1,160,000,000,000.0	1,650,000.0	603,000,000.0
糖类		8.01	4.04	1,890,000,000,000.0	467,000.0	170,000,000.0
豆类		2.26	3.00	532,000,000,000.0	177,000.0	64,800,000.0
油料作物		1.98	9.00	469,000,000,000.0	52,100.0	19,000,000.0
植物油		9.68	9.00	2,280,000,000,000.0	254,000.0	92,500,000.0
蔬菜		3.24	0.31	763,000,000,000.0	2,460,000.0	898,000,000.0
水果		3.27	0.49	772,000,000,000.0	1,580,000.0	575,000,000.0
肉类		8.04	2.09	1,900,000,000,000.0	907,000.0	331,000,000.0
动物脂肪		2.12	8.06	502,000,000,000.0	62,200.0	22,700,000.0
蛋类		1.21	1.54	287,000,000,000.0	187,000.0	68,100,000.0
奶类		4.84	0.55	1,140,000,000,000.0	2,070,000.0	756,000,000.0
鱼类		1.18	1.26	278,000,000,000.0	221,000.0	80,500,000.0
其他		4.04	1.89	951,000,000,000.0	503,000.0	184,000,000.0

表 8-8 以热量（kcal/d）和数量（t/y）为基础，根据不同的食品类型计算 2050 年的食物消费量。

表 8-8
以热量（kcal/d）和数量（t/y）为基础，根据不同的食品类型计算 2050 年的食物消费量

2050 年		基于 C、P 和 L 的每日净值比率 /%			日总热量 /（kcal/d）			数量 /（t/y）		
世界总人口	总能量（kcal/d）	C	P	L	TC_C	TC_P	TC_L	Mc	Mp	M_L
9,725,148,000	2.35E+13	0	0	100	0.0	0.0	2.35E+13	0.0	0.0	955,067,584.0
		10	0	90	2.35E+12	0.0	2.12E+13	214,890,206.0	0.0	859,560,826.0
		20	0	80	4.71E+12	0.0	1.88E+13	429,780,413.0	0.0	764,054,067.0
		30	0	70	7.06E+12	0.0	1.65E+13	644,670,619.0	0.0	668,547,309.0
		40	0	60	9.42E+12	0.0	1.41E+13	859,560,826.0	0.0	573,040,551.0
		50	0	50	1.18E+13	0.0	1.18E+13	1,074,451,032.0	0.0	477,533,792.0
		60	0	40	1.41E+13	0.0	9.42E+12	1,289,341,239.0	0.0	382,027,034.0
		70	0	30	1.65E+13	0.0	7.06E+12	1,504,231,445.0	0.0	286,520,275.0
		80	0	20	1.88E+13	0.0	4.71E+12	1,719,121,652.0	0.0	191,013,517.0
		90	0	10	2.12E+13	0.0	2.35E+12	1,934,011,858.0	0.0	95,506,758.0
		100	0	0	2.35E+13	0.0	0.0	2,148,902,065.0	0.0	0.0
		0	10	90	0.0	2.35E+12	2.12E+13	0.0	214,890,206.0	859,560,826.0
		10	10	80	2.35E+12	2.35E+12	1.88E+13	214,890,206.0	214,890,206.0	764,054,067.0
		20	10	70	4.71E+12	2.35E+12	1.65E+13	429,780,413.0	214,890,206.0	668,547,309.0
		30	10	60	7.06E+12	2.35E+12	1.41E+13	644,670,619.0	214,890,206.0	573,040,551.0

续表

2050 年		基于 C、P 和 L 的每日净值比率 /%			日总热量 / (kcal/d)			数量 / (t/y)		
世界总人口	总能量 (kcal/d)	C	P	L	TC_C	TC_P	TC_L	Mc	Mp	M_L
		40	10	50	9.42E+12	2.35E+12	1.18E+13	859,560,826.0	214,890,206.0	477,533,792.0
		50	10	40	1.18E+13	2.35E+12	9.42E+12	1,074,451,032.0	214,890,206.0	382,027,034.0
		60	10	30	1.41E+13	2.35E+12	7.06E+12	1,289,341,239.0	214,890,206.0	286,520,275.0
		70	10	20	1.65E+13	2.35E+12	4.71E+12	1504231445.0	214890206.0	191013517.0
		80	10	10	1.88E+13	2.35E+12	2.35E+12	1719121652.0	214890206.0	95506758.0
		90	10	0	2.12E+13	2.35E+12	0.0	1934011858.0	214890206.0	0.0
		0	20	80	0.0	4.71E+12	1.88E+13	0.0	429780413.0	764054067.0
		10	20	70	2.35E+12	4.71E+12	1.65E+13	214890206.0	429780413.0	668547309.0
9,725, 148,000	2.35E+13	20	20	60	4.71E+12	4.71E+12	1.41E+13	429780413.0	429780413.0	573040551.0
		30	20	50	7.06E+12	4.71E+12	1.18E+13	644670619.0	429780413.0	477533792.0
		40	20	40	9.42E+12	4.71E+12	9.42E+12	859560825.8	429780413.0	382027034.0
		50	20	30	1.18E+13	4.71E+12	7.06E+12	1074451032.0	429780413.0	286520275.0
		60	20	20	1.41E+13	4.71E+12	4.71E+12	1289341239.0	429780413.0	191013517.0
		70	20	10	1.65E+13	4.71E+12	2.35E+12	1504231445.0	429780413.0	95506758.0
		80	20	0.0	1.88E+13	4.71E+12	0.00E+00	1719121652.0	429780413.0	0.0
		0	30	70	0.0	7.06E+12	1.65E+13	0.0	644670619.0	668547309.0
		10	30	60	2.35E+12	7.06E+12	1.41E+13	214890206.0	644670619.0	573040551.0

续表

2050 年		基于 C、P 和 L 的每日净值比率 /%			日总热量 / (kcal/d)			数量 / (t/y)		
世界总人口	总能量 (kcal/d)	C	P	L	TC_C	TC_P	TC_L	Mc	Mp	M_L
9,725,148,000	2.35E+13	20	30	50	4.71E+12	7.06E+12	1.18E+13	429780413.0	644670619.0	477533792.0
		30	30	40	7.06E+12	7.06E+12	9.42E+12	644670619.0	644670619.0	382027034.0
		40	30	30	9.42E+12	7.06E+12	7.06E+12	859560826.0	644670619.0	286520275.0
		50	30	20	1.18E+13	7.06E+12	4.71E+12	1074451032.0	644670619.0	191013517.0
		60	30	10	1.41E+13	7.06E+12	2.35E+12	1289341239.0	644670619.0	95506758.0
		70	30	0	1.65E+13	7.06E+12	0.0	1504231445.0	644670619.0	0.0
		0	40	60	0.0	9.42E+12	1.41E+13	0.0	859560826.0	573040551.0
		10	40	50	2.35E+12	9.42E+12	1.18E+13	214890206.0	859560826.0	477533792.0
		20	40	40	4.71E+12	9.42E+12	9.42E+12	429780413.0	859560826.0	382027034.0
		30	40	30	7.06E+12	9.42E+12	7.06E+12	644670619.0	859560826.0	286520275.0
		40	40	20	9.42E+12	9.42E+12	4.71E+12	859560826.0	859560826.0	191013517.0
		50	40	10	1.18E+13	9.42E+12	2.35E+12	1074451032.0	859560826.0	95506758.0
		60	40	0	1.41E+13	9.42E+12	0.0	1289341239.0	859560826.0	0.0
		0	50	50	0.0	1.18E+13	1.18E+13	0.0	1074451032.0	477533792.0
		10	50	40	2.35E+12	1.18E+13	9.42E+12	214890206.0	1074451032.0	382027034.0
		20	50	30	4.71E+12	1.18E+13	7.06E+12	429780413.0	1074451032.0	286520275.0

续表

2050 年		基于 C、P 和 L 的每日净值比率 /%			日总热量 /（kcal/d）			数量 /（t/y）		
世界总人口	总能量（kcal/d）	C	P	L	TC_C	TC_P	TC_L	Mc	Mp	M_L
9,725, 148,000	2.35E+13	30	50	20	7.06E+12	1.18E+13	4.71E+12	644670619.0	1074451032.0	191013517.0
		40	50	10	9.42E+12	1.18E+13	2.35E+12	859560826.0	1074451032.0	95506758.0
		50	50	0	1.18E+13	1.18E+13	0.0	1074451032.0	1074451032.0	0.0
		0	60	40	0.0	1.41E+13	9.42E+12	0.0	1289341239.0	382027034.0
		10	60	30	2.35E+12	1.41E+13	7.06E+12	214890206.0	1289341239.0	286520275.0
		20	60	20	4.71E+12	1.41E+13	4.71E+12	429780413.0	1289341239.0	191013517.0
		30	60	10	7.06E+12	1.41E+13	2.35E+12	644670619.0	1289341239.0	95506758.0
		40	60	0	9.42E+12	1.41E+13	0.0	859560826.0	1289341239.0	0.0
		0	70	30	0.0	1.65E+13	7.06E+12	0.0	1504231445.0	286520275.0
		10	70	20	2.35E+12	1.65E+13	4.71E+12	214890206.0	1504231445.0	191013517.0
		20	70	10	4.71E+12	1.65E+13	2.35E+12	429780413.0	1504231445.0	95506758.0
		30	70	0	7.06E+12	1.65E+13	0.0	644670619.0	1504231445.0	0.0
		0	80	20	0.0	1.88E+13	4.71E+12	0.0	1719121652.0	191013517.0
		10	80	10	2.35E+12	1.88E+13	2.35E+12	214890206.0	1719121652.0	95506758.0
		20	80	0	4.71E+12	1.88E+13	0.0	429780413.0	1719121652.0	0.0
		0	90	10	0.0	2.12E+13	2.35E+12	0.0	1934011858.0	95506758.0
		10	90	0	2.35E+12	2.12E+13	0.0	214890206.0	1934011858.0	0.0
		0	100	0	0.0	2.35E+13	0.0	0.0	2148902065.0	0.0

8.7 结果分析

世界人口与日俱增，但世界的资源有限。因此，出生率高的国家宜制定和实施相应的法律，以控制其人口增长。人口增长给人类带来了各种后果。其中最重要的是对食物材料的需求不断增加，而全世界的资源是有限的。另外，还可能发生一些不良事件，如饥荒和营养不良等。另一方面，如今世界上肥胖的人与营养不良或饥饿的人一样多，这表明未来的情况会更加不乐观。大多数食物来源，如玉米，都被用来喂养动物，获得牛乳或肉制品，这是不可持续的。因为如果这些食物来源用于供养人类，可能就不会出现饥荒。因此，人们应该选择用替代性和可持续的食物来源取代食品组成中的动物蛋白或营养物质。

粮农组织的数据显示，在 2050 年将生产 4.55 亿 t 肉（Alexandratos 和 Bruinsma，2012）。根据表 8-7 的计算，人类在 2050 年的总肉类需求为近 3.3 亿 t，因此可以满足人类的总肉类需求。

另外，粮农组织的数据显示，在 2050 年将生产 3.09 亿 t 谷物，而这个数量是包括食品和非食品谷物的总产量（Alexandratos 和 Bruinsma，2012）。其中作为食品的消费，约为 1.5 亿 t。根据表 8-7 的计算，养活世界上的每一个人，将需要 1.2 亿 t 谷物。该结果符合粮农组织的数据。因此，如果食物被平均分配，就足以为每个人提供谷物和肉类。根据计算结果，蔬菜和水果到 2050 年将分别有 8.98 亿 t 和 5.75 亿 t 的年产量。

2050 年，预测全球需要近 8000 万 t 鱼（表 8-7），但这一结果甚至低于当今的实际生产数量。这一结果可能是由于与其他食品相比，鱼的消费比例较低（表 8-4）。并且，当今的鱼产量大部分用于奢侈消费，如酒店、俱乐部和餐馆，这些加工和消费过程中会有鱼肉浪费。因此，尽管鱼的生产量似乎很高，但其实际可利用量较低。

通过这些结果可以看出，现在和将来都会有更多的资源来供养世界人口，但首先需要确保世界各地在能源和食品数量方面的平等分配。也许可以创建一个新的经济模式来实现这一目标。

8.8 思考与展望

人口增长对人类有各种影响，最重要的影响之一是对食物的需求不断增加。实际上，无论是现在还是将来，都有足够的食物等资源供每个人使用。然而，每个人的饮食需求量差异是当前世界上最大的问题之一。可以通过改变当今的经济体系来缓解。例如：建立一个更公平的经济体系，与饥饿做斗争。另一方面，也可以通过提倡素食来缓解这一问题，因为今天生产的大部分谷物都用来喂养动物，以生产肉制品和其他动物产品。但这一方法则可能导致一些不吃素食的人挨饿。此外，应该引导人们进食量适当以防止肥胖。

幸运的是，技术、意识和教育水平在全球范围内不断提高。到 21 世纪末，我们可能都会生活在一个更可持续的世界里。

参考文献 ↘

Abbasi, Tasneem, M Premalatha, et al. The return to renewables: Will it help in global warming control? Renewable and Sustainable Energy Reviews.2011, 15 (1): 891–894.

Abdulhalim A. Curiosity yüzey araci ile Mars gezegeninin fiziksel özellikleri ve yaşam araştırmaları. Master thesis, Astronomi ve Uzay Bilimleri Anabilim Dali, istanbul üniversitesi. 2014.

Abu–Hamdeh, Nidal H, Khaled A A. A comparative study of almond and palm oils as two bio–diesel fuels for diesel engine in terms of emissions and performance. Fuel. 2015,150: 318–324.

Abu–Hamdeh, Nidal H, Khaled A A. A comparative study of almond biodiesel–diesel blends for diesel engine in terms of performance and emissions. BioMed Research International.2015, 2015: 1–8.

Achten, WMJ, Louis Verchot, et al. Jatropha bio–diesel production and use. Biomass and bioenergy.2008, 32 (12): 1063–1084.

Adams, Richard M, Brian H H, et al. Effects of global climate change on agriculture: An interpretative review. Climate Research.1998, 11 (1): 19–30.

Agunbiade, SO, JO Olanlokun. Evaluation of some nutritional characteristics of Indian almond (Prunus amygdalus) nut. Pakistan J. Nutr.2006, 5 (4): 316–318.

Ajanovic, Amela. Biofuels versus food production: Does biofuels production increase food prices? Energy.2011, 36 (4): 2070–2076.

Akın, Mutluhan, Galip A. Suyun önemi, Türkiye'de su potansiyeli, su havzalari ve su kirliliği. Ankara Üniversitesi Dil ve Tarih–Coğrafya Fakültesi Dergisi.2007, 47 (2): 105–118.

Alaşalvar, Cesarettin, Ebru P. Günümüzün ve geleceğin gidalari fonksiyonel gidalar. Tübitak Bilim ve Teknik.2009, 501: 26–29.

Al–Chalabi, Malek. Vertical farming: Skyscraper sustainability? Sustainable Cities and Society.2015, 18: 74–77.

Alexandratos, N, J Bruinsma, G Bodeker, et al. World agriculture: Towards 2030/2050. Food and Agriculture Interim Report. Organization of the United Nations, FAO, Rome. Available at: http: //www.fao.org/economic/esa/esag/en. 2006.

Alexandratos, Nikos, Jelle B. World agriculture towards 2030/2050: The 2012 revision. ESA Working paper, 2012, No. 12–03, Rome, FAO.

Alpaslan, E, and TJ Webster. Nanotechnology and picotechnology to increase tissue growth: a summary of in vivo studies. International journal of nanomedicine.2014, 9: 7–12.

Amezaga, Jaime M, David N B, et al. The future of bioenergy and rural development policies in Africa and Asia. Biomass and Bioenergy.2013, 59: 137–141.

Ampuero S, JO Bosset. The electronic nose applied to dairy products: a review. Sensors and Actuators B: Chemical.2003, 94 (1): 1–12.

Anon. Food security and adaptation to climate change – a position paper. kfw–entwicklungsbank, accessed 12.05. https: //www.kfwentwicklungsbank.de/Download–Center/PDF–DokumentePositionspapiere/2009_08_LW–Anpassungen_E.pdf. 2009.

Anon. Large–scale edible insect farming needed to ensure global food security. http: //phys.org, accessed 03.10. http: //phys.org/news/2013–05–large–scale–edible–insect–farmingglobal.html. 2013.

Anon. Most Would Accept Nanotechnology, Genetic Modification in Food for Nutrition, Safety. accessed 25.09. http: //www.foodsafetynews.com/2014/12/consumers–accept–nanotechgenetic–modification–in–food–for–nutrition–safety/#.VIm07tKsVmz. 2014.

Anon. 6 futuristic food packaging technologies that could change everything. accessed 22.07. http: //www.fooddive.com/news/6futuristic–food–packaging–technologies–that–could–changeeverything/94763/.2015.

Anon. Agriculture and Climate Change, A Prairie Perspective. accessed 20.09. /www.iisd.org/sites/default/files/pdf/agriculture_climate.pdf.2015.

Anon. Agriculture and climate change: impacts and opportunities at the farm level, accessed 26.09. http: //sustainableagriculture.net/wp–content/uploads/2008/08/nsac_climatechangepolicypaper_final_2009_07_161.pdf. 2015.

Anon. Edible insects as an alternative protein source in food and feed. Leibniz–Institut für Agrartechnik, accessed 03.10. http: //www.atb–potsdam.de/en/research–programs/quality–and–safetyof–food–and–feed/edible–insects/print.html. 2015.

Anon. Global and regional food consumption patterns and trends, Last Modified 24.01.2015, accessed 24.01.

Anon. 10 Foods That Could Disappear Because of Climate Change, accessed 24.01. http: //ecowatch.com/2015/12/26/foods–disappear–climate–change/ 2016.

Anon. The Emirates Mars Mission [cited]. Available from http: //www.emiratesmarsmission.ae/scientific–goals. 2017.

Anon. Missions to Mars [cited]. Available from http: //www.spacex.com/mars. 2017.

Anon. Gravity of Mars [cited]. Available from http: //www.wikizero.com/index.php? q=aHR0cHM6Ly9lbi53aWtpcGVkaWEub3JnL3d pa2kvR3Jhdml0eV9vZl9NYXJz. 2018.

Antizar–Ladislao, Blanca, Juan L T. Second generation biofuels and local bioenergy systems. Biofuels, Bioproducts and Biorefining.2008, 2 (5): 455–469.

Arihara, Keizo. Strategies for designing novel functional meat products. Meat Science.2006, 74 (1):

219–229.

Arruego, I., V. Apéstigue, J. Jiménez–MartIn, et al. DREAMS–SIS: The Solar Irradiance Sensor on–board the ExoMars 2016 lander. Advances in Space Research.2017, 60 (1): 103–120.

Ata A, Çakar S. Ö., Isitan, K. Ileri teknoloji projeleri destek programi, sektörel inceleme çalismalari–II, gida teknolojileri, biyomedikal teknolojileri, iklim değişikligine uyum teknolojileri. Türkiye Teknoloji Gelistirme Vakfi. 2011, 85.

Atapour, Mehdi, Hamid–Reza K. Characterization and transesterification of Iranian bitter almond oil for biodiesel production. Applied Energy.2011, 88 (7): 2377–2381.

Augustin, MA, P Udabage, Pablo Juliano, et al. Towards a more sustainable dairy industry: Integration across the farm – factory interface and the dairy factory of the future. International Dairy Journal.2013, 31 (1): 2–11.

Baier S L, M Clements, C. W. Griffiths, et al. Biofuels impact on crop and food prices: using an interactive spreadsheet. Board of Governors of the Federal Reserve System, International Finance Discussion Papers, accessed 02.07. https: //www.federalreserve.gov/pubs/ifdp/2009/967/ifdp967.pdf.2009.

Banerjee, Chirantan, Lucie Adenaeuer. Up, up and away ! The economics of vertical farming. Journal of Agricultural Studies.2014, 2 (1): 40–60.

Barland, M. Finding Nano. Can public cynicism about food technology be overcome? . Volta, 3, 6–13 accessed 07.07. http: //volta.pacitaproject.eu/anlsdfkansl/. 2012.

Barnett, Jon. Food security and climate change in the South Pacific. Pacific Ecologist.2007, 14: 32–36.

Barta D J, D. L. Henninger. Regenerative life support systems – Why do we need them? Adv. Space Res. 1994, 14: 403–410.

Bauermeister A, P. Rettberg, H. C. Flemming. Growth of the acidophilic iron – sulfur bacterium Acidithiobacillus ferrooxidans under Mars–like geochemical conditions. Planetary and Space Science.2014, 98: 205–215.

Bauman DE, IH Mather, RJ Wall, et al. Major advances associated with the biosynthesis of milk. Journal of Dairy Science.2006, 89 (4): 1235–1243.

Bayram M, C. Gökırmaklı. Horizon Scanning: How Will Metabolomics Applications Transform Food Science, Bioengineering, and Medical Innovation in the Current Era of Foodomics? OMICS. 2018.

Bayram M, R. Asar. Space Foods and Future Migration to Mars. In First International GAP Agriculture and Livestock Congress, edited by H. University.Şanliurfa. 2018.

Bayram M, Asar, R, Özdemir, V. Is Space the New Frontier for Omics? Mars–Omics, Planetary Science, and the Next–Generation Technology Futurists. OMICS.2018, 22(11): 696–699.

Bayram, Mustafa, Çaglar Gökırmaklı. Horizon Scanning: How Will Metabolomics Applications

Transform Food Science, Bioengineering, and Medical Innovation in the Current Era of Foodomics? OMICS.2018, 177–183. doi: 10.1089/omi.2017.0203.

Bayram, Mustafa. Protein wars. Milling and Grain Journal. 2017, 128 (7): 10.

Bayram, Mustafa. Food Production and Gastronomy studies for UNESCO Silk Roads Interactive Atlas. Silk Road Food Civilization and History International Symposium, JeonJu–Korea, 2018, October 26.

Bayram, Mustafa. Mahserin dört atlisi ve Tammuz'un ölümü–Four horsemen of Armegeddon and the death of Tammuz. DegirmenciMiller Journal.2018, 12 (101–May): 18–19.

Beal, W. J. Agriculture: Its Needs and Opportunities. Science.1883, 2 (31): 328–333.

Beddington, J., Asaduzzaman M, Clark M, et al. Achieving food security in the face of climate change: Final report from the Commission on Sustainable Agriculture and Climate Change. CGIAR Research Program on Climate Change, Agriculture and Food Security (CCAFS). Copenhagen, Denmark: Commission on Sustainable Agriculture and Climate Change. 2012.

Beddington, Sir John. The future of food and farming. International Journal of Agricultural Management.2011, 1 (2): 2–6.

Bendixen, Emøke. 2005. The use of proteomics in meat science. Meat science.2005, 71 (1): 138–149.

Berchmans, Hanny J, Shizuko H. Biodiesel production from crude Jatropha curcas L. seed oil with a high content of free fatty acids. Bioresource technology.2008, 99 (6): 1716–1721.

Besthorn, Fred H. Vertical farming: Social work and sustainable urban agriculture in an age of global food crises. Australian Social Work.2013, 66 (2): 187–203.

Bigliardi, Barbara, Francesco Galati. Innovation trends in the food industry: the case of functional foods. Trends in Food Science & Technology.2013, 31 (2): 118–129.

Blaas, Harry, Carolien K. Possible future effects of largescale algae cultivation for biofuels on coastal eutrophication in Europe. Science of the Total Environment.2014, 496: 45–53.

Boğaz, H. Tüketicilerin hızlı hazır (fast food) yiyecek tercihleri üzerinde bir arau ti rma. Yüksek Lisans Tezi. Ankara: Ankara üniversitesi. 2003.

Bolonkin, AA. Femtotechnology: Nuclear matter with fantastic properties. Am. J. Eng. Applied Sci.2009, 2 (2): 501–514.

Bonny, Sarah PF, Graham E G, et al. What is artificial meat and what does it mean for the future of the meat industry? Journal of Integrative Agriculture.2015, 14 (2): 255–263.

Bourgeois, Robin. Food insecurity: The future challenge. IDS Bulletin.2016, 47 (4): 71–84.

Bourland, Charles T. The development of food systems for space. Trends in Food Science & Technology.1993, 4 (9): 271–276. doi: https: //doi.org/10.1016/0924–2244(93)90069–M.

Bouwmeester, Hans, Susan Dekkers, et al. Review of health safety aspects of nanotechnologies in food production. Regulatory toxicology and pharmacology.2009, 53 (1): 52–62.

Bozoglu, Faruk. The impact of climate change on food safety and security. Regional workshop on sustainable management of food security, Istanbul, Turkey, 2015,9–10 April.

Bradley, Joseph, Joel Barbier, et al. Embracing the Internet of everything to capture your share of $14.4 trillion. White Paper, Cisco Ibsg Group. Retrieved from. http: //www.cisco.com/web/about/ac79/docs/innov/IoE_Economy.pdf. 2013.

Brennan, Liam, Philip Owende. Biofuels from microalgae—a review of technologies for production, processing, and extractions of biofuels and co–products. Renewable and sustainable energy reviews.2010, 14 (2): 557–577.

Brown, Lester R. Moving Up the Food Chain. Earth Policy Institute & filed under Consumerism, Health & Disease, Society, accessed 20.12. http: //permaculturenews.org/2013/11/27/moving–foodchain/.2013

Bruins, Hendrik J. Proactive Contingency Planning vis–a–vis Declining Water Security in the 21st Century. Journal of contingencies and crisis management.2000, 8 (2): 63–72.

Bryngelsson, David K, Kristian L. Why large–scale bioenergy production on marginal land is unfeasible: A conceptual partial equilibrium analysis. Energy Policy.2013, 55: 454–466.

C. De Haan, T.S. Van Veen, B. Brandenburg, et al. Livestock revolution. Implications for rural poverty, the environment, and global food security. In World Bank Report 23241. Washington D.C.: The World Bank. 2001.

Campbell, Bruce M, Philip Thornton, et al. Sustainable intensification: What is its role in climate smart agriculture? Current Opinion in Environmental Sustainability. 2014, 8: 39–43.

Carroll, Andrew, Chris Somerville. Cellulosic biofuels. Annual review of plant biology.2009, 60: 165–182.

Chae, HM, SH Lee, et al. Effects of elevated CO_2 on aboveground growth in seedlings of four dominant quercus species. Applied Ecology and Environmental Research.2016, 14 (3): 597–611.

Chaudhry, Qasim, Laurence C. Food applications of nanotechnologies: an overview of opportunities and challenges for developing countries. Trends in Food Science & Technology.2011, 22 (11): 595–603.

Chellaram, C, G Murugaboopathi, AA John, et al. Significance of Nanotechnology in Food Industry. APCBEE Procedia.2014, 8: 109–113.

Chen, Gao, Hang Sun, Weibang Sun, et al. Buddleja davidii and Buddleja yunnanensis: Exploring features associated with commonness and rarity in Buddleja. Flora–Morphology, Distribution, Functional Ecology of Plants.2011, 206 (10): 892–895.

Chen, Gao, Weichang Gong, Jia Ge, et al. Inflorescence scent, color, and nectar properties of butterfly bush (Buddleja davidii) in its native range. Flora–Morphology, Distribution, Functional Ecology of

Plants.2014 209 (3): 172–178.

Chen, Hongda, Rickey Yada. Nanotechnologies in agriculture: New tools for sustainable development. Trends in Food Science & Technology.2011, 22 (11): 585–594.

Chisti, Yusuf. Biodiesel from microalgae beats bioethanol. Trends in biotechnology.2008, 26 (3): 126–131.

Christ, Melissa Cate. Food Security and the Commons in ASEAN: the role of Singapore. 2013, 22–23 August 2013.

Christenson, Logan, Ronald Sims. Production and harvesting of microalgae for wastewater treatment, biofuels, and bioproducts. Biotechnology advances.2011, 29 (6): 686–702.

CIWF. Global Warning: Climate Change & Farm Animal Welfare. Compassion in World Farming. https: //www.ciwf.org.uk/media/5161319/global_warning.pdf. 2008.

Ciaian, Pavel. Interdependencies in the energy – bioenergy – food price systems: A cointegration analysis. Resource and Energy Economics.2011, 33 (1): 326–348.

Cirera, Xavier, Edoardo M. Income distribution trends and future food demand. Philosophical Transactions of the Royal Society B: Biological Sciences.2010, 365 (1554): 2821–2834.

Cline, William R.Global warming and agriculture: Impact estimates by country. USA: Peterson Institute. 2007.

Coles D, LJ Frewer. Nanotechnology applied to European food production – a review of ethical and regulatory issues. Trends in Food Science & Technology.2013, 34 (1): 32–43.

Cooper, M. R., P. Catauro, M. Perchonok. Development and evaluation of bioregenerative menus for Mars habitat missions. Acta Astronautica. 2012, 81 (2): 555–562.

Cooper, M., G. Douglas, M. Perchonok. Developing the NASA food system for long–duration missions. Food Science.2011, 76 (2): R40–48.

Cormick C, S Ding. Understanding drivers of community concerns about gene technologies. Public Communication of Science Conference, Beijing. 2005.

Crutzen, Paul J, Ivar SA Isaksen, et al. The impact of the chlorocarbon industry on the ozone layer. Journal of Geophysical Research: Oceans (1978 – 2012).1978, 83 (C1): 345–363.

Cushen, M, J Kerry, M Morris, et al. Nanotechnologies in the food industry – Recent developments, risks and regulation. Trends in Food Science & Technology.2012, 24 (1): 30–46.

Czupalla, M., V. Aponte, S. Chappell, et al. Analysis of a spacecraft life–support system for a Mars mission. Acta Astronautica.2004, 55 (3–9): 537–547.

Çetiner, Selim. Organik tari m dünyayi besleyebilir mi? Tarla Sera Dergisi.2011, 14, 64–67.

Çinar, M. U. Impact of livestock genomics on food security and sustainability. Regional workshop on sustainable management of food security, Istanbul, Turkey,2015, 9–10 April.

Dalle Z, Antonella, Zsolt S. The role of rabbit meat as functional food. Meat Science.2011, 88 (3): 319–331.

DaMatta, Fábio M, Adriana G, et al. Impacts of climate changes on crop physiology and food quality. Food Research International.2010, 43 (7): 1814–1823.

Daroch, Maurycy, Shu G. Recent advances in liquid biofuel production from algal feedstocks. Applied Energy.2013, 102: 1371–1381.

Darwin, Roy, Marinos E T, et al. World agriculture and climate change: Economic adaptations. United States Department of Agricu?

Datar, Isha, Mirko Betti. P lture, Economic Research Service. ossibilities for an in vitro meat production system. Innovative Food Science & Emerging Technologies.2010, 11 (1): 13–22.

Davis, Steven, J, Caldeira, et al. Future CO_2 emissions and climate change from existing energy infrastructure. Science.2010, 329 (5997): 1330–1333.

de Araújo, Carlos D M, Claudia Cristina de Andrade, et al. Biodiesel production from used cooking oil: a review. Renewable and Sustainable Energy Reviews.2013, 27: 445–452.

D Molden, F Gichuki, M Giordano, et al. Facing climate change by securing water for food, livelihoods and ecosystems. Colombo, Sri Lanka: International Water Management Institute.

De Long, J. B. Estimates of World GDP, One Million BC – Present. Working Paper, UC Berkeley. http: //delong.typepad.com/print/20061012_LRWGDP. pdf. 1998.

De Marsily, Ghislain. An overview of the world' s water resources problems in 2050. Ecohydrology & Hydrobiology.2007, 7 (2): 147–155.

Demirbas, Ayhan. Progress and recent trends in biofuels. Progress in energy and combustion science.2007, 33 (1): 1–18.

Demirbas, Ayhan. Use of algae as biofuel sources. Energy conversion and management.2010, 51 (12): 2738–2749.

Demirbas, MF. Biofuels from algae for sustainable development. Applied Energy.2011, 88 (10): 3473–3480.

Demirbilek, Melike E Tarimda ve gidada nanoteknoloji. Gida ve Yem Bilimi – Teknolojisi Dergisi 15: 46–53. Demirci, Mehmet. 2005. Beslenme, 2. Baski. Tekirdag: Onur Grafik.

Despommir D, E Ellington. The vertical farm: the sky–scraper as vehicle for a sustainable urban agriculture. CTBUH 8th World Congress on Tall & Green: Typology for a Sustainable Urban Future.

Dogan, Korcan, Sacit Arslantekin. Big Data: Its Importance, Structure and Current Status. DTCF Journal.2016, 56 (1): 15–36.

Dornburg, Veronika, Detlef van Vuuren, et al. Bioenergy revisited: key factors in global potentials of bioenergy. Energy & Environmental Science.2010, 3 (3): 258–267.

DPT. 2002. Plan nüfus projeksiyon yontemleri. T.C. Başbakanlı k Devlet Planlama Teşkilatı Sosyal Sektorler ve Koordinasyon Genel Müdürlügü. http: //docplayer.biz.tr/5514428–Plan–nufus–projeksiyon–yontemleri.html.

Du, Z Y, Yecong Li, Xiaoquan Wang, et al. Microwave–assisted pyro uhuan Liu, Paul Chen, and Roger lysis of microalgae for biofuel production. Bioresource technology.2011, 102 (7): 4890–4896.

Dunford, Nurhan. Nanotechnology and Opportunities for Agriculture and Food Systems. Nanotechnology.2005, 405: 744–6071.

Durst, Patrick B, Dennis V J, et al. Forest insects as food: humans bite back. RAP publication.

Eckardt, Nancy A., Eleonora Cominelli, Massimo Galbiati, and Chiara Tonelli. The Future of Science: Food and Water for Life. The Plant Cell.2009, 21 (2): 368–372. doi: 10.1105/tpc.109.066209.

Edame, Greg E, AB Ekpenyong, et al. Climate change, food security and agricultural productivity in Africa: issues and policy directions. International journal of humanities and social science.2011, 1(21): 205–223.

Ejtahed, Hanie S, Javad Mohtadi–Nia, et al. Probiotic yogurt improves antioxidant status in type 2 diabetic patients. Nutrition.2012, 28 (5): 539–543.

Ellabban, Omar, Haitham Abu–Rub, et al. Renewable energy resources: Current status, future prospects and their enabling technology. Renewable and Sustainable Energy Reviews.2014, 39: 748–764.

Encinar, JM, JF Gonzalez, JJ Rodriguez, et al. Biodiesel Fuels from Vegetable Oils: Transesterification of Cynara c ardunculus L. Oils with Ethanol. Energy & Fuels.2002, 16 (2): 443–450.

Erb, Karl–Heinz, Helmut Haberl, et al. Dependency of global primary bioenergy crop potentials in 2050 on food systems, yields, biodiversity conservation and political stability. Energy Policy.2012, 47: 260–269.

Erb, Karl–Heinz, Helmut Haberl, et al. Eating the Planet: Feeding and Fuelling the World Sustainably, Fairly and Humanely: A Scoping Study: Inst. of Social Ecology, IFF–Fac. for Interdisciplinary Studies, Klagenfurt Univ. 2009.

Escobar, José C, Electo S Lora, et al. Biofuels: Environment, technology and food security. Renewable and sustainable energy reviews.2009, 13 (6): 1275–1287.

Ewing, Mandy, Siwa Msangi. Biofuels production in developing countries: Assessing tradeoffs in welfare and food security. Environmental Science & Policy.2009, 12 (4): 520–528.

F.Gray, Nicholas. Chapter Thirty–Six–The Implications of Global Warming and Climate Change on Waterborne Diseases. In Microbiology of Waterborne Diseases (Second Edition). London: Academic

Press,2014.

FAO. World agriculture: towards 2015/2030. An FAO perspective. Rome. Edited by J. Bruinsma. London, UK: Earthscan Publications Ltd,2003.

FAO. Meat processing technology for small to medium Scale producers. Bangkok: Food and Agriculture Organization of the United Nations Regional Office for Asia and the Pacific,2007.

FAO. Status and prospects for smallholder milk production: A global perspective. In Status and prospects for smallholder milk production: a global perspective. Rome, Italy: Food and Agriculture Organization of the United Nations,2010.

FAO. 2013 Food Balance Sheets for 42 selected countries (and updated regional aggregates). Food and Agriculture Organization of the United Nations, accessed 03.01. http: //faostat3.fao.org/download/FB/FBS/. 2011.

FAO. Milk availability: trends in production and demand and medium–term outlook. Rome: ESA Working paper No. 12–01, Food and Agriculture Organization of the United Nations. 2012.

FAO. Water and food security. Food and Agriculture Organization of the United Nations, accessed 08.10. http: //www.fao.org/docrep/x0262e/x0262e01.htm#a. 2015.

FAO. The future of food and agriculture – Trends and challenges. Rome: Food and Agriculture Organization of the United Nations. Feng, Zhaozhong, and Kazuhiko Kobayashi. 2009. "Assessing the impacts of current and future concentrations of surface ozone on crop yield with meta–analysis." Atmospheric Environment.2017, 43 (8): 1510–1519.

Fernández–Ginés, Jose M, Juana Fernández–López, et al. Meat products as functional foods: A review. Journal of Food Science.2005, 70 (2): R37–R43.

Fiala, Nathan. Meeting the demand: An estimation of potential future greenhouse gas emissions from meat production. Ecological Economics.2008, 67 (3): 412–419.

Font–i–Furnols, Maria, Luis Guerrero. Consumer preference, behavior and perception about meat and meat products: An overview. Meat Science.2014, 98 (3): 361–371.

Forabosco, F, M Lohmus, L Rydhmer, et al. Genetically modified farm animals and fish in agriculture: A review. Livestock Science.2013, 153 (1): 1–9.

Foster, John B. Savunmasız gezegen: çevrenin kısa ekonomik tarihi. Translated by Hasan Under. Vol. 3. Çankaya, Ankara: Epos Yayınlarl . 2008.

Francis, David, John J. Finer, et al. Challenges and opportunities for improving food quality and nutrition through plant biotechnology. Current Opinion in Biotechnology.2017, 44: 124–129. doi: https: //doi.org/10.1016/j.copbio.2016.11.009.

Fraser, Evan DG, Elisabeth Simelton, et al. "Vulnerability hotspots" : Integrating socio–economic and hydrological models to identify where cereal production may decline in the future due to climate change induced drought. Agricultural and Forest Meteorology.2013, 170: 195–205.

French, S. J., M. H. Perchonok. Evaluation of a 10–day menu using a bulk commodity supply scenario. In Johnson Space Cent. Houston: NASA. 2006.

Fresco, Louise O. Challenges for food system adaptation today and tomorrow. Environmental science & policy.2009, 12 (4): 378–385.

Galip, Akin. Küresel isinma, nedenleri ve sonuçlari. Ankara Universitesi Dil ve Tarih–Cografya Fakültesi Dergisi.2006, 46 (2): 29–43.

Gallagher, Brian J. The economics of producing biodiesel from algae. Renewable Energy.2011, 36 (1): 158–162.

Gandonou, Jean M A. Essays on precision agriculture technology adoption and risk management. Doctoral Thesis, University of Kentucky, http: //uknowledge.uky.edu/gradschool_diss/227. 2005.

Garnier, Jean–Pierre, Ronald Klont, et al. The potential impact of current animal research on the meat industry and consumer attitudes towards meat. Meat science.2003, 63 (1): 79–88.

Gesche, Astrid H, Alexander Haslberger. Governing sustainable food and farming production futures using integrated risk assessment approaches. Ethics and the Politics of Food: Preprints of the 6th Congress of the European Society for Agricultural and Food Ethics, EurSAFE 2006, Oslo, Norway, June 22–24.

Gibson, JP. Altering milk composition through genetic selection. Journal of dairy science.1989, 72 (10): 2815–2825.

Gleick, Peter H. Reducing the risks of conflict over fresh water resources in the Middle East. Studies in Environmental Science.1994, 58: 41–54.

Glithero, Neryssa J, Paul W. et al. Straw use and availability for second–generation biofuels in England. Biomass and Bioenergy.2013, 55: 311–321.

Godfray, H Charles J, Ian R Crute, et al. The future of the global food system. Philosophical Transactions of the Royal Society B: Biological Sciences.2010, 365 (1554): 2769–2777.

Godoi, Fernanda C, Sangeeta Prakash, et al. 3d printing technologies applied for food design: Status and prospects. Journal of Food Engineering.2016, 179: 44–54.

Goh, G. D., S. Agarwala, G. L. Goh, et al. Additive manufacturing in unmanned aerial vehicles (UAVs): Challenges and potential. Aerospace Science and Technology.2017, 63: 140–151. doi: https: //doi.org/10.1016/j.ast.2016.12.019.

Gökırmaklı, Çaglar, Mustafa B Global warming and climate change effects on the future of agriculture and food industries. 15th. International Cereal and Bread Congress (ICC), April 18–21,2016, Istanbul, Turkey, p: 351, April 18–21, 2016.

Gökırmaklı, Çaglar, Mustafa B Recent and Expected Trends for Dairy Industry. Türk Bilimsel Derlemeler Dergisi.2017, 10 (1): 38–43.

Gökırmaklı, Çag lar, Mustafa Bayram. Makarna sektorünün gelecegi (Future of pasta). Gida, Tarim ve Hayvancilik Dergisi (in press).

Gökırmaklı, Caglar, Mustafa Bayram. Future of Food and Agriculture Industries. In Researches on Science and Art in 21st.Century Turkey, edited by Hasan Arapgirlioglu, Atilla Atik, Robert L.Elliott and Edward Turgeon, 1744–1752. Ankara, Turkey: Gece Kitapligi Publ. 2017.

Gökırmaklı, Caglar, Mustafa Bayram. Future of Meat Industry. MOJ Food Process Technol.2017, 5(1): 00117. doi: 10.15406/mojfpt.2017.05.00117.

Goodnough, Lawrence Tim. Iron deficiency syndromes and iron–restricted erythropoiesis (CME). Transfusion 52 (7): 1584–1592.

Goodwin, JN, CW Shoulders. The future of meat: A qualitative analysis of cultured meat media coverage. Meat Science.2013, 95 (3): 445–450.

Gökırmaklı, Ç. Prediction of Food Requirement for Future Based on Calorie Demand, Master Thesis, Department of Food Engineering, Gaziantep University. 2017.

Gregory, Peter J, John SI Ingram, et al. Climate change and food security. Philosophical Transactions of the Royal Society of London B: Biological Sciences.2005, 360 (1463): 2139–2148.

Greiner, Ralf. Current and projected applications of nanotechnology in the food sector. Nutrire–Revista da Sociedade Brasileira de Alimentação e Nutrição.2009, 34 (1): 243–260.

Grey, DL. An overview of Lates calcarifer in Australia and Asia. Management of Wild and Cultured Sea Bass/Barramundi: 15–21. 1987.

Group, ETC. Down on the farm: The impact of nano–scale technologies on food and agriculture. Action Group on Erosion. Technology, and Conservation. November, Ottawa, Canada. www.etcgroup. org. 2004.

Group, Indian Council of Medical Research. Expert. Nutrient Requirements and Recommended Dietary Allowances for Indians: A Report of the Expert Group of the Indian Council of Medical Research. Edited by Indian Council of Medical Research. Hyderabad: Indian Council of Medical Research. 2009.

Grover, M. R., M. O. Hilstad, L. M. Elias, K. G. Carpenter, M. A.Schneider, C. S. Hoffman, S. Adan–Plaza, and B. A.P. 1998. "Extraction of Atmospheric Water on Mars in Support of the Mars Reference Mission." In Mars Society Founding Convention. Boulder, CO.

Gruère, Guillaume P. Implications of nanotechnology growth in food and agriculture in OECD countries. Food Policy.2012, 37 (2): 191–198.

Grunert, Klaus G. Future trends and consumer lifestyles with regard to meat consumption. Meat Science.2006, 74 (1): 149–160.

Gutiérrez, Francisco J, Ma L M, et al. Nanotechnology and Food Industry, Scientific, Health and Social Aspects of the Food Industry: INTECH Open Access Publisher, Available from: http: //www.intechopen.com/books/scientific–healthand–social–aspects–of–the–food–industry/nanotechnology–and–foodindustry.

Haberl, Helmut, Karl–Heinz E, et al. Global bioenergy potentials from agricultural land in 2050: Sensitivity to climate change, diets and yields. Biomass and Bioenergy.2011, 35 (12): 4753–4769.

Haberl, Helmut, Tim B. et al. The global technical potential of bioenergy in 2050 considering sustainability constraints. Current Opinion in Environmental Sustainability.2010, 2 (5): 394–403.

Hall, J. Storrs. Nano Gelecek: lstanbul, Turkey, Bogaziçi Universitesi Yayinevi, Popüler Bilim Dizisi. 2014.

Hallac, Bassem B, Poulomi S, et al. Biomass characterization of Buddleja davidii: a potential feedstock for biofuel production. Journal of agricultural and food chemistry.2009, 57 (4): 1275–1281.

Hallac, Bassem B, Yunqiao Pu, et al. Chemical transformations of Buddleja davidii lignin during ethanol organosolv pretreatment. Energy & Fuels.2010, 24 (4): 2723–2732.

Hanjra, Munir A, M Ejaz Qureshi. Global water crisis and future food security in an era of climate change. Food Policy.2010, 35 (5): 365–377.

Hanson, JD, BB Baker, RM Bourdon. Comparison of the effects of different climate change scenarios on rangeland livestock production. Agricultural Systems.1993, 41 (4): 487–502.

Harrington, G. Consumer demands: major problems facing industry in a consumer–driven society. Meat Science.1994, 36 (1): 5–18.

Hasegawa, Tomoko, Shinichiro F, et al. Consequence of Climate Mitigation on the Risk of Hunger. Environmental Science & Technology.2015, 49 (12): 7245–7253. doi: 10.1021/es5051748.

Hekim N, ozdemir V. A General Theory for "Post" Systems Biology: Iatromics and the Environtome. OMICS.2017, 21(7), 359–360.

Hernández–Sánchez, Humberto, Gutierrez–Lopez. Food Nanoscience and Nanotechnology. Edited by Humberto Hernández–Sánchez, Gustavo F and Gutierrez–Lopez, Food Engineering Series: Springer International Publishing. 2015.

Hidalgo–Cantabrana, Claudio, Sarah O'Flaherty, et al. CRISPR–based engineering of next–generation lactic acid bacteria. Current Opinion in Microbiology.2017,37: 79–87.doi: https: //doi.org/10.1016/j.mib.2017.05.015.

Hilary, Green. The future of food. Nutrition Bulletin.2016, 41(3): 192–196. doi: 10.1111/nbu.12213.

Hoagland, Dennis R, Daniel I A. The waterculture method for growing plants without soil. Circular. California Agricultural Experiment Station.1950, 347 (2nd edit).

Houghton, Peter J. Lignans and neolignans from Buddleja davidii. Phytochemistry.1985, 24 (4): 819–826.

Hussain, Aatif, Kaiser Iqbal, et al. A Review on the Science of Growing Crops Without Soil (Soilless Culture)–A Novel Alternative for Growing Crops. International Journal of Agriculture and Crop Sciences.2014, 7 (11): 833.

ICRIER. Impact of climate change on agriculture and food security. In ICRIER Policy series. Delhi, India: Indian Council for Research on International Economic Relations. 2012.

IPCC. 2001. "Climate Change 2001: The Scientific Basis. Contribution of Working Group I to the Third Assessment Report of the Intergovernmental Panel on Climate Change" [Houghton, J.T., Y. Ding, D.J. Griggs, M. Noguer, P.J. van der Linden, X. Dai, K. Maskell, and C.A. Johnson(eds.)]. Cambridge University Press, Cambridge, United Kingdom and New York, NY, USA, 881pp.

IPCC. 2007a. "Climate Change 2007: Impacts, Adaptation and Vulnerability, Contribution of Working Group II to the Fourth Assessment Report of the Intergovernmental Panel on Climate Change." Cambridge, UK, accessed 08.10. https: //www.ipcc.ch/pdf/assessment–report/ar4/wg2/ar4_wg2_full_ report.pdf.

IPCC. 2007b. "Climate change 2007: Synthesis report. Summary for policymakers." Intergovernmental Panel on Climate Change, accessed 04.03. https: //www.ipcc.ch/pdf/assessment–report/ar4/syr/ar4_syr_spm.pdf.

IPCC. 2008. "Climate Change and Water." Intergovernmental Panel on Climate Change, accessed 08.09. https: //www.ipcc.ch/pdf/technicalpapers/climate–change–water–en.pdf.

IPCC. 2014. Climate Change 2014: Synthesis Report. Contribution of Working Groups I, II and III to the Fifth Assessment Report of the Intergovernmental Panel on Climate Change. Geneva, Switzerland: Intergovernmental Panel on Climate Change.

Issariyakul, Titipong, Ajay K Dalai. Biodiesel from vegetable oils. Renewable and Sustainable Energy Reviews.2014, 31: 446–471.

Jaggard, Keith W, Aiming Qi, et al. Possible changes to arable crop yields by 2050. Philosophical Transactions of the Royal Society B: Biological Sciences.2010, 365 (1554): 2835–2851.

Jäkel, O. Radiation hazard during a manned mission to Mars. Zeitschrift für Medizinische Physik.2004, 14 (4): 267–272.

Jha, Zenu, Neha Behar, et al. Nanotechnology: prospects of agricultural advancement. Nano Vision.2011, 1 (2): 88–100.

Jiménez–Colmenero, Francisco, José Carballo, et al. Healthier meat and meat products: their role as functional foods. Meat science.2001, 59 (1): 5–13.

Johkan, Masahumi, Masayuki Oda, et al. Crop Production and Global Warming, Global Warming

Impacts – Case Studies on the Economy, Human Health, and on Urban and Natural Environments. INTECH Open Access Publisher. http: //www.intechopen.com/books/global–warming–impacts–casestudies–on–the–economy–human–health–and–on–urban–and–naturalenvironments/crop–production–and–global–warming. 2011.

Johnston, Matt, Tracey H. A global comparison of national biodiesel production potentials. Environmental Science & Technology.2007, 41 (23): 7967–7973.

Jones, Glenn A, Kevin J W. The 21st century population energy–climate nexus. Energy Policy.2016, 93: 206–212.

Joseph, Tiju, Mark Morrison. Nanotechnology in agriculture and food: A nanoforum report. Nanoforum. org. Kacar Arslan, B. 2010. Hayatı anlamak için astrobiyoloji. NTVBLM: 6465. 2006.

Kading, Benjamin, Jeremy Straub. Utilizing in–situ resources and 3D printing structures for a manned Mars mission. Acta Astronautica.2015, 107: 317–326.

Kamilaris, Andreas, Andreas Kartakoullis, et al. A review on the practice of big data analysis in agriculture. Computers and Electronics in Agriculture.2017, 143: 23–37.doi: https: //doi.org/10.1016/j.compag.2017.09.037.

Kay, H. D. Future of the milk industry. Nature.1942, 150: 41–44. doi: 10.1038/150041a0.

Kearney, John. Food consumption trends and drivers. Philosophical Transactions of the Royal Society of London B: Biological Sciences.2010, 365 (1554): 2793–2807.

Keating, Brian A, Mario Herrero, et al. Food wedges: Framing the global food demand and supply challenge towards 2050. Global Food Security.2014, 3 (3): 125132.

Kickbusch, Ilona, Mustafa Bayram, et al. Interview: The new Silk Road— Health as soft power. OMICS: A Journal of Integrative Biology.2018, 22 (6): 449–453.doi: 10.1089/omi.2018.0085.

Kim, Melanie Sunkyung. Nanotechnology and food: the perception and level of acceptance of nanotechnology use in foods. Doctoral thesis, Graduate Program in Nutritional Sciences, Rutgers UniversityGraduate School–New Brunswick, New Jersey.2014.

King, A. Technology: The Future of Agriculture. Nature, 2017,544, S21. doi: 10.1038/544S21a.

King, Anthony. Agriculture: Future farming. Nature.2016, 531: 578.doi: 10.1038/531578a.

King, Anthony. Technology: The Future of Agriculture. Nature.2017, 544: S21.doi: 10.1038/544S21a.

Kirchmann, Holger, Gudni T. Challenging targets for future agriculture. European Journal of Agronomy.2000, 12 (3): 145–161.doi: https: //doi.org/10.1016/S1161–0301(99)00053–2.

Koh, Lian Pin, Jaboury Ghazoul. Biofuels, biodiversity, and people: understanding the conflicts and finding opportunities. Biological conservation.2008, 141 (10): 2450–2460.

Kozai, Toyoki, Genhua Niu, et al. Plant factory: An indoor vertical farming system for efficient quality food production. Academic Press. 2015.

Kohlera, Karsten, Heike Petra Schuchmann. Homogenisation in the dairy process–conventional processes and novel techniques. Procedia Food Science.2011, 1: 1367–1373.

Kramb, Jason. Potential applications of nanotechnology in bioenergy. Master Thesis, University of Jyväskylä, Renewable Energy Department of Physics, Vaasa, Finland. 2011.

Kristensen, L, S Støier, J Würtz, and L Hinrichsen. Trends in meat science and technology: The future looks bright, but the journey will be long. Meat science.2014, 98 (3): 322–329.

Kumar, Bimlesh, Rahul B H, et al. Bioenergy and food security: Indian context. Energy for Sustainable Development.2009, 13 (4): 265–270.

Kurukulasuriya, Pradeep, Robert M.A Ricardian analysis of the impact of climate change on African cropland. African Journal of Agricultural and Resource Economics.2008, 2 (1): 1–23.

Laio, Francesco, Luca R.The past and future of food stocks. Environmental Research Letters.2016, 11 (3): 035010.

Lan, Yubin, Steven J. Thomson, et al. Current status and future directions of precision aerial application for site–specific crop management in the USA. Computers and Electronics in Agriculture.2010, 74(1): 34–38. doi: https: //doi.org/10.1016/j.compag.2010.07.001.

Langelaan, Marloes LP, Kristel JM Boonen, et al. Meet the new meat: Tissue engineered skeletal muscle. Trends in food science & technology.2010, 21 (2): 59–66.

Lauterwasser, Christoph. Small sizes that matter: Opportunities and risks of Nanotechnologies. Allianz accessed 07.06. https: //www.oecd.org/science/nanosafety/37770473.pdf. 2005.

Lee, Yu De. Global Food Systems: Diet, Production, and Climate Change Toward 2050. Master Thesis, Natural Resources and Environment, University of Michigan, Michigan, USA. 2014.

Li, Q, L Zheng, Y Hou, et al. Insect Fat, a Promising Resource for Biodiesel. J Pet Environ Biotechnol S 2: 2. 2011.

Lipper, Leslie, Philip T, et al. Climate–smart agriculture for food security. Nature Climate Change.2014, 4 (12): 1068–1072.

Liu, Xuejun, Chuanxiao Xie, Huaijun Si, et al. CRISPR/Cas9–mediated genome editing in plants. Methods.2017, 121122: 94–102.doi: https: //doi.org/10.1016/j.ymeth.2017.03.009.

Lobell, David B, Marshall B B, et al. Prioritizing climate change adaptation needs for food security in 2030. Science.2008, 319 (5863): 607–610.

Long, Stephen P, Elizabeth A Ainsworth, et al. Global food insecurity. Treatment of major food crops with elevated carbon dioxide or ozone under large–scale fully open–air conditions suggests recent models may have overestimated future yields. Philosophical Transactions of the Royal Society B: Biological

Sciences.2005, 360 (1463): 2011–2020.

Lotze–Campen, Hermann, Alexander Popp, et al. Scenarios of global bioenergy production: the trade–offs between agricultural expansion, intensification and trade. Ecological Modelling.2010, 221 (18): 2188–2196.

Loveday, Simon M, Anwesha S, et al. Innovative yoghurts: Novel processing technologies for improving acid milk gel texture. Trends in food science & technology.2013, 33 (1): 520.

LU, Jing, Con Sheahan, Pengcheng Fu. Metabolic engineering of algae for fourth generation biofuels production. Energy & Environmental Science.2011, 4 (7): 2451–2466.

MacGavin, George C. Expedition Field Techniques: Insects and Other Terrestrial Arthropods. London, UK: Royal Geographical Society. 1997.

Mahalik, Nitaigour P, Arun N Nambiar. Trends in food packaging and manufacturing systems and technology. Trends in Food Science & Technology.2010, 21 (3): 117–128.

Mahato, Anupama. Climate change and its impact on agriculture. International Journal of Scientific and Research Publications.2014, 4 (4): 1–6.

Mahmood, Tariq, Syed Tajammul Hussain. Nanobiotechnology for the production of biofuels from spent tea. African Journal of Biotechnology.2010. 9 (6): 858–868.

Majima, Shunzo. A brief thought on the future of global ethics: military robots and new food technologies. Journal of Global Ethics.2014, 10 (1): 53–55.

Malik, Parth, Anurag Sangwan. Nanotechnology: A tool for improving efficiency of Bioenergy. Journal of Engineering Computers & Applied Sciences.2012, 1 (1): 37–49.

Manios, Stavros G, Nikolaos C G, et al. A 3–year hygiene and safety monitoring of a meat processing plant which uses raw materials of global origin. International Journal of Food Microbiology.2015, 209: 60–69.

Manzano–Agugliaro, F, MJ Sanchez–Muros, FG Barroso, et al. Insects for biodiesel production. Renewable and Sustainable Energy Reviews. 2012, 16 (6): 37443753.

Markevičius, A, V Katinas, E Perednis, et al. Trends and sustainability criteria of the production and use of liquid biofuels. Renewable and Sustainable Energy Reviews.2010, 14 (9): 32263231.

Marsh, Alan J, Colin Hill, et al. Fermented beverages with health–promoting potential: past and future perspectives. Trends in Food Science & Technology.2014, 38 (2): 113–124.

Mata, Teresa M, Antonio A M, et al. Microalgae for biodiesel production and other applications: a review. Renewable and sustainable energy reviews.2010, 14 (1): 217–232.

Mattila–Sandholm, T, P Myllärinen, R Crittenden, et al. Technological challenges for future probiotic foods. International Dairy Journal.2002, 12 (2): 173–182.

McCarl, BA, Richard M Adams, Brian H H. Global climate change and its impact on agriculture. Encyclopedia of Life-Support Systems. Institute of Economics Academia Sinica, and UNESCO. Retrieved from. http: //agecon2. tamu. edu/people/faculty/mccarlbruce/papers/879. pdf. 2001.

McKay, D. S., E. K., Gibson Jr., Kathie L. et al. Search for Past Life on Mars: Possible Relic Biogenic Activity in Martian Meteorite ALH84001. Science.1996, 273: 924-930.

McMichael, Anthony J, John W Powles, et al. Food, livestock production, energy, climate change, and health. The Lancet.2007, 370 (9594): 1253-1263.

Mead, GC. Microbiological quality of poultry meat: A review. Revista Brasileira de Ciencia Avicola.2004, 6 (3): 135-142.

Meher, LC, D Vidya Sagar, SN Naik. Technical aspects of biodiesel production by transesterification—a review. Renewable and Sustainable Energy Reviews.2006, 10 (3): 248-268.

Mehrabi, Z, D Jimenez, A Jarvis. Smallholders need access to big-data agronomy too. Nature.2018, 555 (7694): 30. doi: 10.1038/d41586018-02566-1.

Mendelsohn, Robert. The Impact of Climate Change on Agriculture in Asia. Journal of Integrative Agriculture.2014, 13 (4): 660-665. doi: 10.1016/s2095-3119(13)60701-7.

Mermelstein, Neil H. A look into the future of food science & technology. Food technology.2002, 56 (1): 46-55.

Meyen, F. E., M. H. Hecht, J. A. Hoffman. Thermodynamic model of Mars Oxygen ISRU Experiment (MOXIE). Acta Astronautica.2016, 129: 82-87.

Milan, Baltic Z, Boskovic Marija, et al. Nanotechnology and its potential applications in meat industry. Tehnologija mesa.2013, 54 (2): 168-175.

Miller, Georgia, Scott Kinnear. Nanotechnology the new threat to food. Nexus.2008, 16: 37-40.

Milly, Paul CD, Kathryn A Dunne, et al. Global pattern of trends in streamflow and water availability in a changing climate. Nature.2005, 438 (7066): 347-350.

Mishra, Umesh Kumar. Application of nanotechnology in food and dairy processing: an overview. Pakistan Journal of Food Sciences.2012, 22 (1): 23-31.

Mlcek, Jiri, Otakar Rop, A comprehensive look at the possibilities of edible insects as food in Europe - a review. Polish Journal of Food and Nutrition Sciences.2014, 64 (3): 147-157.

Momin, Jafarali K, Chitra J, et al. Potential of nanotechnology in functional foods. Emirates Journal of Food and Agriculture.2013, 25 (1): 10.

Morris, Vic. Nanotechnology and food. International Union of Food Science and Technology. http: // www.iufost.org/sites/default/files/docs/IUF.SIB.Nanotechnology .pdf.2007.

Moustafa, Khaled. Toward Future Photovoltaic-Based Agriculture in Sea. Trends in

Biotechnology.2016, 34 (4): 257–259. doi: https: //doi.org/10.1016/j.tibtech.2015.12.012.

Murphy, Richard, Jeremy Woods, et al. Global developments in the competition for land from biofuels. Food Policy.2011, 36: S52–S61.

Myers, Samuel S, Antonella Z, et al. Increasing CO_2 threatens human nutrition. Nature.2014, 510 (7503): 139–142.

Naik, SN, Vaibhav V Goud, Prasant K Rout, et al. Production of first– and second–generation biofuels: A comprehensive review. Renewable and Sustainable Energy Reviews.2010, 14 (2): 578–597.

Nardone, A, F Valfre. Effects of changing production methods on quality of meat, milk and eggs. Livestock Production Science.1999, 59 (2): 165–182.

Nelson, Gerald C, Mark W R, et al. Climate change: Impact on agriculture and costs of adaptation. Vol. 21. Washington, D.C., USA: International Food Policy Research Institute. 2009.

Nelson, Max, Shipbaugh, et al. The potential of nanotechnology for molecular manufacturing. Santa Monica: Rand.

Neufeldt, Henry, Molly Jahn, et al. Beyond climate–smart agriculture: toward safe operating spaces for global food systems. Agriculture & Food Security.2013, 2 (1): 1–6. doi: 10.1186/2048–7010–2–12.

Nigam, Poonam S, Anoop S. Production of liquid biofuels from renewable resources. Progress in Energy and Combustion Science.2011, 37 (1): 52–68.

Nikalje, AP. Nanotechnology and its Applications in Medicine. Med chem. 2015, 5: 081–089.

Nollet, Leo ML, Fidel Toldra. Advanced technologies for meat processing. Boca Raton: CRC Press,2006.

O'Mara, Frank P. The significance of livestock as a contributor to global greenhouse gas emissions today and in the near future. Animal Feed Science and Technology.2011, 166: 7–15.

Odegard, IYR, E van der Voet. The future of food—Scenarios and the effect on natural resource use in agriculture in 2050. Ecological Economics.2014, 97: 51–59.

Ohlsson, L. Water conflicts and social resource scarcity. Physics and Chemistry of the Earth, Part B: Hydrology, Oceans and Atmosphere. 2000, 25 (3): 213–220.

Olesen, Jørgen E, Marco B.Consequences of climate change for European agricultural productivity, land use and policy. European journal of agronomy.2002, 16 (4): 239–262.

Olmedilla–Alonso, Begoña, Francisco Jiménez–Colmenero, et al. Development and assessment of healthy properties of meat and meat products designed as functional foods. Meat Science.2013, 95 (4): 919–930.

Openshaw, Keith. A review of Jatropha curcas: an oil plant of unfulfilled promise. Biomass and bioenergy.2000, 19 (1): 1–15.

Orhon, D, S Sozen, B Üstun, et al. Su Yonetimi ve Sürdürülebilir Kalkinma. Vizyon 2023: Bilim ve Teknoloji Stratejileri Teknoloji Ongoru Projesi, Çevre ve Surdurulebilir Kalkinma Paneli, Istanbul.

Orzechowski, Arkadiusz. Artificial meat? Feasible approach based on the experience from cell culture studies. Journal of Integrative Agriculture.2015, 14 (2): 217–221.

Ozdemir, V., S. Springer. What does "Diversity" Mean for Public Engagement in Science? A New Metric for Innovation Ecosystem Diversity. OMICS.2018, 22 (3): 184–189.

Ozimek, Lech, Edward Pospiech, et al. Nanotechnologies in food and meat processing. Acta Sci. Pol., Technol. Aliment.2010, 9 (4): 401–412.

Onal, Eylem, Basak Burcu Uzun, et al. Bio–oil production via co–pyrolysis of almond shell as biomass and high density polyethylene. Energy Conversion and Management.2014, 78: 704–710.

Oner, M. Yasam Uzay'dan Mi Geldi? "Panspermia Teorisi" . Karatekin Edebiyat Fakultesi Dergisi (KAREFAD).2013, 1: 83–96.

Ozcan, Mehmet M, Ahmet ü, et al. Characteristics of some almond kernel and oils. Scientia Horticulturae. 2011, 127 (3): 330–333.

Pal, Partha, Spandita R. Edible insects: Future of human food – a review. International Letters of Natural Sciences.2014, 21: 1–11.

Pandey, Vimal C, Kripal S, et al. Jatropha curcas: A potential biofuel plant for sustainable environmental development. Renewable and Sustainable Energy Reviews.2012, 16 (5): 2870–2883.

Parawira, Wilson. Biodiesel production from Jatropha curcas: A review. Scientific Research and Essays.2010, 5 (14): 1796–1808.

Park, JBK, RJ Craggs, et al. Wastewater treatment high rate algal ponds for biofuel production. Bioresource technology.2011, 102 (1): 35–42.

Paul, SD, D Dewangan. Nanotechnology and Neutraceuticals. Indian Journal of Novel Drug Delivery.2014, 6 (3): 230–235.

Perchonok, Michele H., Maya R. Cooper, et al. Mission to Mars: Food Production and Processing for the Final Frontier. Annual Review of Food Science and Technology.2012, 3 (1): 311330. doi: 10.1146/annurev–food–022811–101222.

Perchonok, Michele, Charles Bourland. NASA food systems: Past, present, and future. Nutrition.2002, 18 (10): 913–920. doi: https: //doi.org/10.1016/S0899–9007(02)00910–3.

Pereira Paula Manuela de Castro Cardoso, Vicente Ana Filipa dos Reis Baltazar. Meat nutritional composition and nutritive role in the human diet. Meat Science.2013, 93(3): 586–592.

Perry Marj J. Charts of the day on the 'great convergence' of food spending at home vs. away from home. AEIdeas–Blog Post, May 14, 2015.

Pimentel, D, N Brown, F Vecchio, et al. Ethical issues concerning potential global climate change on food production. Journal of Agricultural and Environmental Ethics.1992, 5 (2): 113–146.

Pinzi, S., M. P. Dorado. 4 – Vegetable–based feedstocks for biofuels production. In Handbook of Biofuels Production, 61–94, 6194. Woodhead Publishing. 2011.

Popp, J, Z Lakner, M Harangi–Rakos, et al. The effect of bioenergy expansion: Food, energy, and environment. Renewable and Sustainable Energy Reviews.2014, 32: 559–578.

Portree, D. S. Humans to Mars: Fifty years of mission planning. Monographs in Aerospace History #21, NASA SP–2001–4521 Post, Mark J. 2012. "Cultured meat from stem cells: Challenges and prospects." Meat Science.2000, 92 (3): 297–301.

Prado, Flávera C, Jose L Parada, et al. Trends in non–dairy probiotic beverages. Food Research International.2008, 41(2): 111–123.

Premalatha, M, Tasneem Abbasi, Tabassum Abbasi, et al. Energy–efficient food production to reduce global warming and ecodegradation: The use of edible insects. Renewable and Sustainable Energy Reviews.2011, 15(9): 4357–4360.

Prins, Jurate De. Book review on edible insects: Future prospects for food and feed security. Advances in Entomology.2014, 2: 47–48.

Pulselli, F. M. Global Warming Potential and the Net Carbon Balance A2 – Jørgensen, Sven Erik. In Encyclopedia of Ecology, edited by Brian D. Fath, 1741–1746. Oxford: Academic Press. 2008.

Qureshi, Nasib, Thaddeus C Ezeji. Butanol, 'a superior biofuel' production from agricultural residues (renewable biomass): Recent progress in technology. Biofuels, Bioproducts and Biorefining.2008, 2(4): 319–330.

Qureshi, Riaz Hussain. Approaches for ensuring the food security in the era of climate change. Regional workshop on sustainable management of food security, İstanbul, Turkey, 9–10 April. 2015.

Raimond, Rex R. 2008. Ethical Considerations Regarding the International Development and Application of Nanotechnology and Nanoscale Materials. 37th Annual Conference on Environmental Law, Keystone, Colorado, March 13–16.

Ralphs, M., B. Franz, T. Baker, S. Howe. Water extraction on Mars for an expanding human colony. Life Sci Space Res (Amst).2015, 7: 57–60.

Rathmann, Régis, Alexandre Szklo, et al. Land use competition for production of food and liquid biofuels: An analysis of the arguments in the current debate. Renewable Energy.2010, 35(1): 14–22.

Ravichandran, R. Nanotechnology Applications in Food and Food Processing: Innovative Green Approaches, Opportunities and Uncertainties for Global Market. International Journal of Green Nanotechnology Physics and Chemistry.2010, 1: 72–96.

Ringler, Claudia, Tingju Zhu, et al. Climate change impacts on food security in sub-Saharan Africa, Insights from comprehensive climate change scenarios. In IFPRI Discussion Paper. Washington, D.C.: International Food Policy Research Institute (IFPRI).

Robinson, DKR, M Morrison. Nanotechnology Developments for the Agrifood sector-Report of the Observatory NANO. Institute of Nanotechnology, UK. 2009.

Rollin, Fanny, Jean Kennedy, et al. Consumers and new food technologies. Trends in Food Science & Technology.2011, 22(2): 99-111.

Roohani, Nazanin, Richard Hurrell, et al. Zinc and its importance for human health: An integrative review. Journal of Research in Medical Sciences: The Official Journal of Isfahan University of Medical Sciences.2013, 18(2): 144.

Rosegrant, Mark W, Ximing Cai. Global water demand and supply projections: Part 2. Results and prospects to 2025. Water International.2002, 27(2): 170-182.

Rosegrant, Mark W, Claudia Ringler, et al. Water for agriculture: maintaining food security under growing scarcity. Annual Review of Environment and Resources.2009, 34: 205-222.

Rosegrant, Mark W, Mandy Ewing, et al. Climate change and agriculture: threats and opportunities. Eschborn, Germany: Deutsche Gesellschaft für Technische Zusammenarbeit (GTZ). 2008.

Rosegrant, Mark W. Biofuels and grain prices: impacts and policy responses: International Food Policy Research Institute Washington, DC. 2008.

Rosenberg, Julian N, George A Oyler, et al. A green light for engineered algae: Redirecting metabolism to fuel a biotechnology revolution. Current opinion in Biotechnology.2008, 19(5): 430-436.

Rothschild, L. J., C. S. Cockell. Radiation: Microbial evolution, ecology, and relevance to Mars missions. 1999.

Ruane, John, Andrea Sonnino. Agricultural biotechnologies in developing countries and their possible contribution to food security. Journal of Biotechnology.2011, 156(4): 356-363.

Ruiz Ledesma, E. F., J. J. Gutiérrez GarcIa. Simulation as a resource in the calculus solving problem. In Education and Modern Educational Technologies. 2013, 51-56.

Rumpold, Birgit A, Oliver K Schlüter. Nutritional composition and safety aspects of edible insects. Molecular nutrition & food research.2013, 57(5): 802-823.

Saguy, I Sam, R Paul Singh, Tim Johnson, et al. Challenges facing food engineering. Journal of Food Engineering.2013, 119(2): 332-342.

Schade, Carleton, David Pimentel. Population crash: prospects for famine in the twenty-first century. Environment, Development and Sustainability.2010, 12(2): 245-262.

Scherr, Sara J., Seth Shames, et al. From climate-smart agriculture to climate-smart landscapes.

Agriculture & Food Security.2012, 1(1): 1–15. doi: 10.1186/2048-7010-1-12.

Schmidt, Rainer, Michael Mohring, et al. Industry 4.0–potentials for creating smart products: empirical research results. International Conference on Business Information Systems. 2015.

Scholtz, M. M., C. McManus, K-J. Leeuw, et al. The effect of global warming on beef production in developing countries of the southern hemisphere. Natural Science, 5: 106–119. doi: 10.4236/ns.2013.51A017. 2013.

Scott, Stuart A, Matthew P Davey, et al. Biodiesel from algae: challenges and prospects. Current Opinion in Biotechnology.2010, 21(3): 277–286.

Sekhon, Bhupinder S. Food nanotechnology–an overview. Nanotechnology, Science and Applications.2010, 3(1): 1–15.

Selle, Kurt, Rodolphe Barrangou. CRISPR–Based Technologies and the Future of Food Science. Journal of Food Science.2015, 80(11): R2367–R2372. doi: 10.1111/1750-3841.13094.

Seo, Sungno Niggol, Robert O Mendelsohn. The impact of climate change on livestock management in Africa: A structural Ricardian analysis. Vol. 4279. Washington, DC, USA: World Bank Publications. 2007.

Serrano, Elena, Guillermo Rus, et al. Nanotechnology for sustainable energy. Renewable and Sustainable Energy Reviews. 2009, 13(9): 2373–2384.

Siegrist, Michael. Factors influencing public acceptance of innovative food technologies and products. Trends in Food Science & Technology.2008, 19(11): 603–608.

Sims, Ralph EH, Warren Mabee, et al. An overview of second–generation biofuel technologies. Bioresource technology. 2010, 101(6): 1570–1580.

Smeets, Edward MW, André PC Faaij, et al. A bottom–up assessment and review of global bioenergy potentials to 2050. Progress in Energy and combustion science.2007, 33(1): 56–106.

Smith, Alan. Nanotechnologies – a New Branch of Chemistry? Chemistry in New Zealand.2011, 75: 21–26.

Smith, Pete, Peter J Gregory, et al. "Competition for land." Philosophical Transactions of the Royal Society B: Biological Sciences.2010, 365 (1554): 2941–2957.

Sofos, John N. Challenges to meat safety in the 21st century. Meat Science.2008, 78(1): 3–13.

Speckmann, Elwood W, MF Brink, et al. Dairy foods in nutrition and health. Journal of Dairy Science.1981, 64(6): 1008–1016.

Squalli, J. Is obesity associated with global warming? Public Health .2014, 128(12): 1087–1093.

Strzepek, Kenneth, Brent Boehlert. Competition for water for the food system. Philosophical Transactions of the Royal Society of London B: Biological Sciences.2010, 365(1554): 2927–2940.

Sun, Jie, Zhuo Peng, Liangkun Yan, et al. 3D food printing – an innovative way of mass customization in food fabrication. International Journal of Bioprinting.2015, 1: 27–38.

Sun, Jie, Zhuo Peng, Weibiao Zhou, et al. A review on 3D printing for customized food fabrication. Procedia Manufacturing.2015, 1: 308–319.

Sun, Lihua, Haoru Chen, Liangmin Huang, et al. Growth and energy budget of juvenile cobia (Rachycentron canadum) relative to ration. Aquaculture.2006, 257(1): 214–220.

Süfer, özge, Sibel Karakaya. Gida Endüstrisi ve Nanoteknoloji: Durum Tespiti ve Gelecek. Akademik Gida.2011, 9(6): 81–88.

Tarhan, özgür, Vural Gokmen, et al. Nanoteknolojinin gida bilim ve teknolojisi alanindaki uygulamalari. Gida.2010, 35(3): 219–225.

Tarrant, PV. Some recent advances and future priorities in research for the meat industry. Meat Science.1998, 49: S1–S16.

Taşdan, K. Biyoyakitlarin Türkiye tarim ürünleri piyasalarona olasoetkileri: Biyobenzin–etanol. Tarim ve mühendislik.2005, 75: 27–29.

Tezcan, Ahmet, Atilgan, et al. Seralarda Karbondioksit Düzeyi, Karbondioksit Gübrelemesi ve Olasi Etkileri. Süleyman Demirel Universitesi Ziraat Fakültesi Dergisi.2011, 6(1): 44–51.

Thornton, Philip K. Impacts of climate change on the agricultural and aquatic systems and natural resources within the CGIAR's mandate.

Timilsina, Govinda R, Ashish Shrestha. How much hope should we have for biofuels? Energy.2011, 36 (4): 2055–2069.

Tirado, MC, R Clarke, LA Jaykus, et al. Climate change and food safety: A review. Food Research International.2010, 43 (7): 1745–1765.

Trindade, Sergio C. Nanotech Biofuels and Fuel Additives. In Biofuel's Engineering Process Technology, edited by Dr Marco Aurelio Dos Santos Bernardes, 742. Rijeka, Croatia: InTech. 2011.

Troy, DJ, JP Kerry. Consumer perception and the role of science in the meat industry. Meat Science.2010, 86 (1): 214–226.

TTGV. Ileri Teknoloji Projeleri Destek Programi, Sektörel İnceleme Çalışmaları– II Gıda Teknolojileri, Biyomedikal Teknolojileri, İklim Değişikliğine Uyum Teknolojileri. Türkiye Teknoloji Geliştirme Vakfı.

Tuomisto, Hanna L, M Joost Teixeira de Mattos. Environmental impacts of cultured meat production. Environmental Science & Technology.2011, 45 (14): 6117–6123.

Tübitak. Vizyon 2023, Bilim ve Teknoloji ongorüsü Projesi, Tarım ve Gıda Paneli, Son Rapor. Türkiye Bilimsel ve Teknolojik Araştırma Kurumu.

Türker, Hüseyin. The effect of ultraviolet radiation of pancreatic exocrine cells in mole rats: An ultrastructural study. Journal of Radiation Research and Applied Sciences.2015, 8 (1): 49–54.

Türker, U., Akdemir, B., Topakcı, M., et al. (2015, 12-16 Ocak 2015). Hassas Tarım Teknolojilerindeki Gelişmeler. Paper presented at the Türkiye Ziraat Mühendisligi VIII. Teknik Kongresi, Ankara.

Türker, Ufuk, Bahattin Akdemir, Mehmet TopakcI, Behiç Tekin, ilker Unal, Arda AydIn, Gülfinaz özoğul, and Mehmet Evrenosoglu. 2015. "Hassas Tarım Teknolojilerindeki Gelişmeler." Türkiye Ziraat Mühendisliği VIII. Teknik Kongresi, Ankara, 12-16 Ocak 2015.

Tzounis, Antonis, Nikolaos Katsoulas, Thomas Bartzanas, et al. Internet of Things in agriculture, recent advances and future challenges. Biosystems Engineering.2017,164: 31-48. doi: https: //doi.org/10.1016/j.biosystemseng.2017.09.007.

UN. World Population Prospects: The 2015 Revision, Key Findings and Advance Tables. United Nations Department of Economic and Social Affairs and Population Division, Working Paper No ESA/P/WP. 241.

UNDP. Human Development Report 2006-Beyond Scarcity: Power, Poverty and the Global Water Crisis. In UNDP Human Development Reports (2006), edited by Kevin Watkins. New York, USA: United Nations - Human Development Report Office.

van Eijck, Janske, Bothwell Batidzirai, et al. Current and future economic performance of first- and second-generation biofuels in developing countries. Applied Energy.2014, 135: 115-141.

Van Kasteren, JMN, AP Nisworo. A process model to estimate the cost of industrial scale biodiesel production from waste cooking oil by supercritical transesterification. Resources, Conservation and Recycling.2007, 50 (4): 442-458.

VandeHaar, Michael J, Norman St-Pierre. Major advances in nutrition: Relevance to the sustainability of the dairy industry. Journal of Dairy Science.2006, 89 (4): 1280-1291.

Vandendriessche, Frank. Meat products in the past, today and in the future. Meat Science.2008, 78 (1): 104-113.

Verma, Madan Lal, Colin J Barrow, et al. Nanobiotechnology as a novel paradigm for enzyme immobilisation and stabilisation with potential applications in biodiesel production. Applied microbiology and biotechnology.2013, 97 (1): 23-39.

Vermeulen, SJ. Climate change, food security and small-scale producers. CCAFS InfoBrief. Copenhagen, Denmark: CGIAR Research Program on Climate Change, Agriculture and Food Security (CCAFS).2014.

Viala, Eric. Water for food, water for life a comprehensive assessment of water management in agriculture. Irrigation and Drainage Systems.2008, 22 (1): 127-129.

Vinnari, Markus, Petri Tapio. Future images of meat consumption in 2030. 2009, Futures 41(5): 269-278.

Vinnari, Markus. The future of meat consumption—Expert views from Finland. Technological Forecasting and Social Change.2008, 75 (6): 893–904.

Vorosmarty, Charles J, Pamela Green, et al. Global water resources: vulnerability from climate change and population growth. Science.2000, 289 (5477): 284–288.

Ward, E. D., R. R. Webb, and O. L. de Weck. A method to evaluate utility for architectural comparisons for a campaign to explore the surface of Mars. Acta Astronautica.2016, 128: 237–242.

Weiss, Jochen, Monika Gibis, et al. Advances in ingredient and processing systems for meat and meat products. Meat Science.2010, 86 (1): 196–213.

Weiss, Jochen, Takhistov, et al. Functional materials in food nanotechnology. Journal of Food Science. 2006, 71(9): 107–116.

Welcomme, Robin L, Ian G Cowx, et al. Inland capture fisheries. Philosophical Transactions of the Royal Society B: Biological Sciences.2010, 365 (1554): 2881–2896.

Weston, Shaun. Insects as an everyday food source could be a $350m business in 10 years. accessed 22.07. http: //www.foodbev.com/news/insects–as–an–everyday–food–sourcecould/#.VCFMGStdVBA. 2014.

WFC. The threat to fisheries and aquaculture from climate change. World Fish Center, accessed 05.07. 2007.

Wheeler, MB, EM Walters, SG Clark. Transgenic animals in biomedicine and agriculture: outlook for the future. Animal reproduction Science.2003, 79 (3): 265–289.

Wiener, Joshua M, Jane Tilly. Population ageing in the United States of America: implications for public programmes. International journal of epidemiology. 2002, 31 (4): 776–781.

Wolfert, Sjaak, Lan Ge, Cor Verdouw, Marc–Jeroen Bogaardt. Big Data in Smart Farming – A review. Agricultural Systems. 2017, 153: 69–80. doi: https: //doi.org/10.1016/j.agsy.2017.01.023.

Wulff, Pascal, Lada Bemert, Sandra Engelskirchen, and Reinhard Strey. Water–biofuel microemulsions., accessed 03.06. koeln.de/fileadmin/user_upload/Download/WATER___BIOFUEL_MICROEMULSIONS.pdf.

WWF. The water variable – producing enough food in a climate insecure world. World Water Forum, accessed 05.04. 2009. http: //www.worldwatercouncil.org/fileadmin/wwc/Library/Publications_and_reports/Climate_Change/PersPap_05._Producing_Enough_Food.pdf.

Wyness, Laura, E Weichselbaum, A O'Connor, et al. Red meat in the diet: an update. Nutrition Bulletin.2011, 36 (1): 34–77.

Xiong, Wei, Ian Holman, Erda Lin, et al. Climate change, water availability and future cereal production in China. Agriculture, Ecosystems & Environment. 2010, 135 (1): 58–69.

Yaakob, Zahira, Masita Mohammad, Mohammad Alherbawi, et al. Overview of the production of biodiesel from waste cooking oil. Renewable and Sustainable Energy Reviews,2013, 18: 184–193.

Yaşa, Eda, Burcu Mucan. Tüketim ve Yaşlı Tüketiciler: Literatür Araştırması. Cag University Journal of Social Sciences.2010, 7 (2): 1–15.

Yildiz, Dursun. Su Güvenliği 2050. 1 ed. 1. Baskı, İstanbul, Turkey: Truva Yayınları. 2014.

Yılmaz, M Levent, H Sencer Peker. A possible jeopardy of water resources in terms of Turkey's economic and political context: Water conflicts/Su kaynaklarinin turkiye acisindan ekono–politik onemi ekseninde olasi bir Tehlike: Su savaslari. Cankiri Karatekin Universitesi Iktisadi ve Idari Bilimler Fakultesi Dergisi.2013, 3 (1): 57–75.

Young, Jette F, Margrethe Therkildsen, et al. Novel aspects of health promoting compounds in meat. Meat Science. 2013, 95 (4): 904–911.

Yumurtacı, Mehmet, Ali Keçebau. Akıllı ev teknolojileri ve otomasyon sistemleri 5. Uluslararas İleri Teknolojiler Sempozyumu (IATS' 09), 13–15 Mayıs 2009, Karabük, Türkiye

Yung, Y. L., J. P. Pinto. Primitive atmosphere and implications for the formation of channels on Mars. Nature.1978, 273: 730–732.

Zabaniotou, A, P Bitou, Th Kanellis, et al. Investigating Cynara C. biomass gasification producer gas suitability for CHP, second–generation biofuels, and H_2 production. Industrial Crops and Products.2014, 61: 308–316.

Zhang, Chen, Robert Wohlhueter, Han Zhang. Genetically modified foods: A critical review of their promise and problems. Food Science and Human Wellness 2016, 5 (3): 116–123.

Zhang, Wangang, Shan Xiao, et al. Improving functional value of meat products. Meat Science.2010, 86 (1): 15–31.